建筑遗产
保护与利用研究

王会波　别治明◎著

延边大学出版社

图书在版编目（CIP）数据

建筑遗产保护与利用研究 / 王会波，别治明著 . --
延吉：延边大学出版社，2022.9
　　ISBN 978-7-230-03963-5

　　Ⅰ.①建… Ⅱ.①王… ②别… Ⅲ.①建筑－文化遗产－保护－
研究－中国 Ⅳ.① TU-87

中国版本图书馆 CIP 数据核字（2022）第 183211 号

建筑遗产保护与利用研究

著　　者：	王会波　　别治明			
责任编辑：	翟秀薇			
封面设计：	星辰创意			
出版发行：	延边大学出版社			
社　　址：	吉林省延吉市公园路 977 号		邮　编：	133002
网　　址：	http://www.ydcbs.com		E-mail：	ydcbs@ydcbs.com
电　　话：	0433-2732435		传　真：	0433-2732434
印　　刷：	英格拉姆印刷(固安)有限公司			
开　　本：	787 毫米 ×1092 毫米　　 1/16			
印　　张：	10			
字　　数：	200 千字			
版　　次：	2022 年 9 月第 1 版			
印　　次：	2023 年 1 月第 1 次印刷			
书　　号：	ISBN 978-7-230-03963-5			

定　　价： 50.00 元

前　言

　　近年来，随着我国建筑史理论研究的深入和城市更新观念的转变，关于建筑遗产保护和利用的问题开始受到人们的关注，与建筑遗产相关的保护政策、保护策略研究及保护实践在不断修正中发展成型。建筑遗产的概念包括各种历史景观、传统建筑以及在历代城市与建筑发展过程中所形成的技艺、方法与传统等。对建筑遗产的研究只有经过长时间刻苦的探究与思考，才能找到顺应社会发展趋势、符合科学规律、适应历史环境的保护方法。

　　相比古代建筑，近代建筑数量众多、类型繁杂，多位于城市繁华地带并仍在使用，经济价值与社会价值决定了其保护措施不同于古代建筑，这些特性也决定了对于近代建筑遗产不能采取静态或博物馆式的保护措施，而是要在保护的同时通过合理利用使其焕发新的活力。值得注意的是，无论是建筑遗产的艺术性修复还是人们常说的再生，其本质上都并非保护，而是建筑遗产的开发和利用，是遗产价值的实现和增强，通过开发和利用能够更好地保护建筑遗产。因此近代建筑遗产保护必须积极考虑并满足当下的需求，而且要能在某种程度上兼顾对社会经济的推动作用，这种考虑、满足和兼顾是为了适应建筑遗产本体与特征的保存和保护。

　　建筑遗产保护工作是一个国家或地区可持续发展的重要内容，然而在我国快速的城镇化进程中，大量的建筑遗产在发展建设中被拆除，这些承载着历史文化信息的建筑遗产让路给了现代的各种商用及民用设施。保护建筑遗产不仅是为了保留人类过去的印记，更是为了学习和传承古代智慧、巩固现代社会发展的文化基础，从而留下一个更加美好的生活环境。希望本书能为保护我国的建筑遗产事业作出一份贡献。

CONTENTS 目 录

第一章　建筑遗产保护与利用

第一节　建筑遗产保护与利用的概念

2015 版《中国文物古迹保护准则》（以下简称《中国准则》）指出："在中国，我们面临的主要问题是如何处理好经济社会发展与文化遗产保护的关系，实现发展与保护的共赢。中国目前正在经历一个经济快速发展期，不少地方存在单纯追求经济利益、忽视文化遗产保护的现象，甚至为了短期经济利益不惜破坏文化遗产；还有一些地方在经济发展后开始重视文化遗产保护，投入了大量经费，但却没有按照正确的保护理论去加以保护，结果好心办了坏事。"国家文物局 2016 年发布的《关于促进文物合理利用的若干意见》指出："文物工作在传承文明、服务社会、促进发展等方面的作用日益凸显，加大文物保护力度、推进文物合理适度利用日渐成为社会共识。同时，文物利用仍然存在着文物资源开放程度不高、利用手段不多、社会参与不够以及过度利用、不当利用等问题……"可以看到，建筑遗产保护领域中客观存在如何利用的问题，相关思考和探索也在不断进行。

一、保护的概念

"保护"在遗产保护理论概念体系中是一个基本术语。目前遗产界对"保护"概念的定义和阐释随意性较大，没有一个权威性的统一的术语标准。

《中华人民共和国文物保护法》（以下简称《文物保护法》）认为，文物工作贯彻保护为主、抢救第一、合理利用、加强管理的方针，侧重于保存的含义。

《中国准则》规定，保护是指为保存文物古迹及其环境和其他相关要素进行的全部活动。有效保护是指为消除或抑制各种危害文物古迹本体及其环境安全的因素所采取的技术和管理措施。

《保护世界文化和自然遗产公约》提到了遗产的确认、保护、保存、展示等，虽然未明确保护的含义，但至少说明公约认为保护不等同于保存。

《奈良真实性文件》将保护定义为所有旨在了解一项遗产，掌握其历史和意义，确保其自然形态，并在必要时进行修复和增强的行为。

《巴拉宪章》进一步指出，保护是指保护某一场所以及保存其文化重要性的一切过程。根据具体情况，保护可包括以下程序：保留或重新推出某一用途；保留相关性和意义；维护、保存、修复、重建、改造和诠释，一般来说可能包括一个以上的上述活动。维护是指对某遗产地的构造环境所采取的持续保护措施，将保护的范围进行扩大。

常青教授认为，建筑遗产的"保护"（conservation）有狭义与广义两个概念。狭义的保护仅指维持历史建筑不继续损坏的"保存"（preservation）。广义的保护包括：第一，对历史建筑的保存研究和价值判定；第二，干预程度较低的定期维护和修复；第三，干预程度较高的整修、翻新和复原；第四，在特殊情况下的扩建、加建和重建等。这里的广义概念类似于《巴拉宪章》的定义。

国内的保护概念侧重于保存，国外的保护概念经过不断演化已经覆盖到保护文化遗产的一切领域。

林源博士将建筑遗产保护理解为保护建筑遗产本体及其相关历史环境，并使它们保持安全、良好状态的一切行为活动，具体包括研究、工程技术干预、展示、利用、改善及发展、环境修整、教育、管理等几方面的内容。将保护的概念从"建筑遗产本身的认知"延伸到"当代社会如何利用建筑遗产的问题"。

张松教授给出的定义是：保护是指保护项目及其环境所进行的科学的调查、勘测、鉴定、登录、修缮、改善等活动，包括对历史建筑、传统民居等的修缮和维修，以及对历史街区、历史环境的改善和整治。

二、利用的概念

《中国准则》第 40 条规定："应根据文物古迹的价值、特征、保存状况、环境条件，综合考虑研究、展示、延续原有功能和赋予文物古迹适宜的当代功能的各种利用方式。"《中国准则》将展示归入利用，这是一个重要探索。

《巴拉宪章》指出，保护性利用是指延续性、调整性和修复性利用，是合理且理想的保护方式。同时，《巴拉宪章》认为，保护性利用应当提高公众对遗产地的认识、体验乐趣，同时应具有合理的文化内涵，与国内的展示有些类似，属于保护过程的一部分，不属于利用。

2017年《实施〈世界遗产公约〉操作指南》第119条:"世界遗产存在多种现有和潜在的利用方式,其生态和文化可持续的利用可能提高所在社区的生活质量。"

2016年国家文物局《关于促进文物合理利用的若干意见》说明了利用的基本原则与措施,未涉及概念。

许多学者将建筑遗产开发利用理解为商业形态与旅游开发。林源认为利用是基于遗产资源延续原有功能或赋予新功能的活动,展示是说明遗产内容、价值和文化意义的手段,是保护的一项基本且重要的内容。陆地对利用的认识则进一步扩大,认为利用不仅是当下的、急切变现式的利用,对建筑遗产的观察、认识与享受在本质上也是一种利用。

根据《中国准则》整体思路,目前学术界公认的建筑遗产利用方式主要分为三大类,即展示、延续原有功能和赋予适宜的当代功能。

展示是对建筑遗产的特征、价值及相关的历史、文化、社会、事件、人物关系及其背景进行解释,以及对相关研究成果进行表述,应尽可能对遗产的价值做出完整、准确的阐释。展示的目的是使观众能完整、准确地认识建筑遗产的价值,尊重、传承优秀的历史文化传统,自觉参与对建筑遗产的保护。

应保持建筑遗产原有功能,特别是原有功能已经成为建筑遗产价值重要组成部分的,应鼓励延续原有的使用方式。延续原有功能体现出特定的文化意义,具有"活态"特征。对于具有"活态"特征的建筑遗产,应延续原有功能,保护其具有文化价值的传统生产和生活方式,不得轻易改变其使用性质。

由于时代、环境的变化或者条件的限制,当原有功能无法延续时,可赋予文物古迹适宜的当代功能。适宜的当代功能必须尊重当地的文化意义,在确保遗产安全、价值不受损害的前提下,根据其价值、自身特点和现状选择最合理的利用方式。香港特别行政区政府2008年推出《活化历史建筑伙伴计划》,把政府持有的历史建筑及法定古迹活化再用。国内一些专家如张朝枝认为,活化利用就是"适应性利用"或"改造性利用",也可直接称"再利用",是指为建筑遗产找到合适的用途(容纳新功能),使得该场所的文化价值得以最大限度地传承和再现,同时对建筑重要结构的改变降到最低限度的建筑遗产利用方式。学者赵云指出,活化利用是指转变旧建筑的功能或对其进行改造以适应新的使用需求,同时保留旧建筑历史特征的过程。学者王妍认为,活化可理解为在对闲置或破败的历史建筑适时保护的前提下,对实体建筑进行改造和再利用。综合来看,建筑遗产活化利用或再利用就是调整并赋予建筑遗产适宜的新功能的行为。

从利用者或使用者的角度上讲，展示性利用定位于让人"看"，功能性利用定位于让人"用"。因此，建筑遗产活化利用的"活"字不是在物本身，而是在于利用的人。所以，分析建筑遗产利用必须要全面考虑人的因素。

因此，"利用"就是在一定的保护原则和前提条件下，规范引导利用主体，通过展示、延续功能或赋予适宜的新功能等方式，发挥建筑遗产社会效益和经济效益的行为。展示与诠释可被称为"展示性利用"，延续原有功能与赋予适宜的新功能可被称为"功能性利用"。

第二节　建筑遗产保护与利用的关系分析

一、建筑遗产保护的理论框架

国内学术界对建筑保护与利用的矛盾与共生问题的研究成果很多，但大部分是基于不同的实际对和谐共生的发展模式进行分析论证的。目前尚缺乏一个全面阐述建筑遗产保护与利用关系的理论体系，尚未有建筑遗产利用学、建筑遗产管理学或建筑遗产经济学一类的专业书籍出版。周卫的《历史建筑保护与再利用》是基于新旧空间之间关联理论和关联模式角度进行分析的，并未阐述完整的保护与利用体系；于海广、王巨山的《中国文化遗产保护概论》偏重于对物质文化遗产与非物质文化遗产的关联性以及各自的保护的讨论。张松的《历史城市保护学导论（第二版）》对国内外的历史城市保护历程、标准进行了回顾与总结，指明了一些研究方向，但未做整体性阐述。这些书籍不足以支持对建筑遗产保护与利用的研究指导，需要提升理论高度。

东南大学朱光亚教授在《建筑遗产保护学》中较为完整地阐述了涉及建筑遗产保护的理论、学科、法律文件以及政策行为从理论到实践的发展阶段，指出了建筑遗产保护与利用本身都是一种手段或过程，体现了整体（真实性）、系统（完整性）和继往开来（延续性）的理念，是保护理论研究与实践工作的整合，目的是将建筑遗产顺利传承下去，最终建立大同世界、和谐社会和精神家园的共生。现阶段，业界已构建起一套较为完整的建筑遗产保护的理论框架，为解决建筑遗产利用问题的研究指明了方向。

二、建筑遗产保护的对象认知

按传统意义上的理解，建筑遗产保护与利用的对象是指物质对象（土地、建筑物、附着物和环境等有形物质）和非物质对象（与物质遗产相关联的非物质文化传统）。物质对象是指切实存在的、具有固定形态和样貌的建筑遗产实体及环境，非物质对象则是指物质对象所承载或蕴含的、非实存形态的文化、价值或理念。建筑实体是非物质文化遗产得以存在和延续的前提和保障，所谓"皮之不存，毛将焉附"。如果建筑实体保护不当，其所蕴含的非物质文化遗产将受到损失；建筑实体本身被破坏，所有价值也将不复存在。仔细分析可以发现，保护对象与利用对象两者其实是有区别的。

第一，保护的对象比较明确。《中国准则》第 2 条："保护是指为保存文物古迹及其环境和其他相关要素进行的全部活动。保护的目的是通过技术和管理措施真实、完整地保存其历史信息及其价值。"本体特指作为物质对象的建筑实体以及建筑实体所承载和蕴含的非物质元素。相关要素包括附属文物、非物质文化遗产、工业科技遗产的设备等。文物古迹的环境既包括体现文物古迹价值的自然环境，也包括相关的人文环境。同时，由于建筑遗产通常都是依附于整体社会环境或文化系统而建构、形成和保存的，建筑遗产的开发利用也应关注建筑遗产所处的环境、整体文化氛围和建筑系统。因此，保护的真正对象主要是指这些特征信息，建筑遗产本体实物与环境是特征信息与价值的物质存在基础。

第二，展示的对象偏重于建筑遗产的特征信息，延续功能或更改功能的对象则不同。建筑遗产在建造之初，一般都有某一实用功能，将建筑遗产作为不动产来使用，才是当年建造的初衷。建筑遗产是土地以及附着于土地上的建筑物、构筑物、树木、山石、池塘及水井等附属物的综合体。除了碑刻、石雕、壁画等特殊实物以外，大部分的建筑遗产如建筑物、建筑群、遗址等，满足人们使用功能要求的是"空间"。建筑空间是人们为了满足生产或生活的需要，运用各种建筑主要要素与形式所构成的内部空间与外部空间的统称。建筑包括墙、地面、屋顶、门窗等围成建筑的内部空间，以及建筑物与周围环境中的山峦、树木、水面、街道、广场等形成建筑的外部空间。当然，建筑遗产本体实物与环境也是其空间的物质存在基础。

因此，目前国内建筑遗产保护与展示的对象主要是"特征信息与价值"；功能性利用的对象主要是"空间"。虽然建筑遗产实物与环境是特征信息和空间的存在基础，前者消失，后两者无法存在，利用会增大破坏特征信息的风险，但从逻辑上说，建筑遗产保护与利用的对象是不同的。许多学者在研究中简单地将保护与利用的对象视为建筑遗产实物与环境，并未做进一步细分，简单地认为"一用就坏"，造成两者的矛盾从理论逻辑上无法调和。其实不然，如果产权限制规定合理，将特征信息保护与空间使用进行细致严格的区分，让使用者清晰地知道利用权限与保护范围的差异性，从制度上尽量控制被破坏的风险，从实践中不断总结与改进，便使可持续利用具有可行性。所以，认识到建筑遗产保护与利用的对象各有差异是解决两者矛盾的重要前提。

三、形成当前利用问题的原因分析

出现问题就要解决问题，其前提是分析问题，找到问题产生的根源。建筑遗产保护与利用为何会产生矛盾？曹兵武提出，让文物活起来至少可以分为两个层面：第一，文物本体要尽可能地保护好、利用好；第二，文物中蕴含的历史、科学、艺术、社会等信息与价值应尽可能被挖掘、展示、传播出来。建筑遗产所承载和蕴含的特殊历史文化信息，一直为人们所关注与享受，使得建筑遗产与普通建筑得以区分。同样，虽然政府一直鼓励新城建设，但是由于交通设施、教育医疗与历史习俗的缘故，人们仍然习惯以旧城区为中心，正如北京、上海、西安等。除了一些偏远村镇以外，大部分建筑遗产位于旧城区交通便捷的地方，地理区位比较稀缺、优越，就是俗称的"地段好"。然而，建筑遗产的"空间"确实不适应现代城市经济发展，无论是居住还是商务办公，相对于动辄百米的大厦，建筑遗产空间规模极为有限。也就是说，建筑遗产占据的地段稀缺，但是空间小，又不实用。因此，除了一些必须保护的重点文物遗产以外，城市管理者需要权衡：是保全这些特殊历史文化信息与价值，放弃稀缺地段；还是旧城改造推平重建，放弃历史建筑或街区。

由于土地财政的快速发展，部分城市管理者选择"能拆就拆"，这就不难理解那些历史悠久的老街坊、古城区为何会遭遇规模性拆除。如果不能拆，部分城市管理者要么选择"不理"，等待老建筑破败不堪，因缺少资金集中维修而自然淘汰；要么选择"用足"，尽量挖掘建筑遗产的特殊价值与社会影响用于商业运营。

例如，某些著名的文物景区能给所在区域带来整体经济效益的提升，拉动旅游、住宿、餐饮和其他相关行业的综合发展，这也是各地兴起"申遗热"的原因。但结果是老街人满为患，古城严重商业化，祖辈的文化遗产成为当代人的敛财工具，过度利用严重影响了建筑遗产本体以及环境的保护与管理。

因此，建筑遗产被破坏或过度利用的根源是其蕴含的特殊信息价值与其所处的地段空间稀缺性所产生的选择性冲突。所有社会现象均源于个体的行为与互动，资源的稀缺使得人们需要在期望的额外收益和成本之间权衡，各方利益人会在特定的情况下做出在自己的领域中认为最优化的决定。但由于缺乏专业化的协调，个体层面上的利益最大化到群体层面上就会产生互不兼容。人们不知道别人对自己期待什么，也不知道自己对别人期待什么，缺乏一套清晰的、被普遍接受的规则。如果人们按照自己的资源和能力追逐各自感兴趣的特定目标，对别人的利益、资源与能力不管不顾，最终带来的往往是混乱而不是财富。事实上，自己的计划要成功必须依赖与他人的合作，人们需要引入协调合作的思维，通过互动，根据具体情况来制定新的规则。人们在追求各自目标和决策时，要求相互协调与退让，所依赖的合理方式和手段最终是由"规则"塑造的。最终，人们是有效利用还是浪费稀缺资源，理解"规则"对解释这个问题大有益处。大部分社会互动是由参与者了解并遵守的规则来进行引导和协调的。目前国内建筑遗产合理利用的"规则"是严重缺失的。

2015 年《中国准则》修订前言："合理利用是文物保护工作方针的重要内容，但在实践中却长期存在着利用方式相对单一或利用过度等问题。随着社会对文化遗产关注程度的不断提高，加大力度合理利用文物古迹，已成为中国文化遗产保护面临的重要挑战。" 2016 年国家文物局《关于促进文物合理利用的若干意见》也指出："文物利用仍然存在着文物资源开放程度不高、利用手段不多、社会参与不够以及过度利用、不当利用等问题……" 2018 年中共中央办公厅、国务院办公厅印发的《关于加强文物保护利用改革的若干意见》更是明确指出："文物合理利用不足、传播传承不够，让文物活起来的方法途径亟须创新……"

与发达国家的建筑遗产保护相比，我国在建筑遗产保护、利用研究的过程中存在不少问题。主要体现在如下方面：①重视建筑遗产建筑的申报，轻视有效保护与管理；②重视建筑遗产的经济功能与旅游开发，轻视建筑遗产的教育、文化等公益性，对建筑遗产的本身价值、真实性、完整性与环境质量问题研究较少；③

重视建筑遗产体制内的管理手段，轻视保护的社会参与；④重视具有旅游开发潜力的建筑遗产项目，轻视历史价值高但开发潜力小的建筑遗产项目。主要原因为如下几点：

（一）保护规划的空泛性

目前，国内建筑遗产保护规划的编制工作更多是从理论上展开的，过多关注保护（保存）。其中的保护利用规划部分与当地城市的总体规划、详细规划容易产生冲突，与当地旅游规划的设计思路完全是两种观点，甚至与最终的项目利用实施方案严重脱节。这些差异最终导致建筑遗产保护规划难以落到实处。

（二）价值评估的静态性

许多以保存和修复为主导思路的建筑遗产价值评估主要着重于对建筑遗产本体、环境和信息的保存情况分析，对可利用性评估通常是一带而过或是以房屋高度体量、结构安全、道路状况等内容作为主要评估因素，与是否适宜展示，利用功能如何延续或调整没有实质性关系，也不能为利用规划部分的制定提供建设性的参考依据。

（三）产权机制不够完善

私人所有的建筑遗产往往由于难以获得充足的资金支持而日渐破败甚至损毁；公有的建筑遗产常在政府的规模化改造中逐渐失去其赖以存续的独特色彩和活力，或是由于无人照管而破落不堪。产权界定、保护限制等方面的不明确性使得建筑遗产流转、使用与经营存在很多不确定因素，也缺乏社会参与。可以看出，解决建筑遗产利用实践中诸多问题的前提在于建筑遗产产权机制的完善。

（四）利用方案的非专业和随意性

目前，国内的建筑遗产的保护规划偏重于对建筑遗产的价值评估与保护措施，对利用规划部分的分析深度不够。对适宜展示性利用的建筑遗产简单理解为博物馆式展示，缺乏整体利用方案。对适宜功能性利用的建筑遗产，在确定功能总体定位与业态布局的专业性上有所欠缺，受外界因素影响大，随意性强，利用可行性方面存在一定的薄弱环节。利用规划的结论内容与项目实际情况不能完全紧密配合。

（五）项目经济测算理论与技术的空白

国内缺乏建筑遗产经济价值评估的理论与技术规范。建筑遗产保护规划中经济测算主要停留在项目成本初步预算，可能的收益与成本费用的参数指标选项不齐全，没有考虑评价计算期，也没有参照国家对建设项目经济评价的技术规范进行计算与表述。

（六）管理监督的缺失

管理监督应实际贯穿建筑遗产调查、价值评估、保护规划、修缮设计、维护保存、修复改建、展示利用、宣传推广等所有环节。管理监督的有效性直接影响建筑遗产利用能否科学合理实施。目前，由于国内商业经济思维的主导，导致建筑遗产保护利用的管理监督存在缺失，管理体系建设不完善，严重缺乏监督机制。

（七）不重视对人的研究

建筑遗产保护对象是遗产本体及环境等，利用对象也是物体，但能否合理利用取决于使用的人。展示性利用关注于"看"的人，功能性利用关注于"用"的人。无论是消费性使用（居住）还是经营性使用（商铺），产权归属又影响着利用。当前许多建筑遗产项目利用规划、策划或咨询的重点往往是建筑遗产保护、功能定位、用地布局以及文化发展等，却忽略了利用研究的核心部分，而这一点在商业地产策划分析中却是重中之重。前文所言，建筑遗产的相对稀缺性取决于人的喜好与需求。目前建筑遗产利用研究中，较少谈及人的定位与发展，这也是容易导致低效利用的主要原因。

四、建筑遗产保护与利用的相互关系

《中国准则》对合理利用问题专辟章节，分别从不同的角度阐述了合理利用的原则和方法，提出应根据文物古迹的价值、特征、保存状况、环境条件，综合考虑研究、展示、延续原有功能和赋予文物古迹适宜的当代功能等各种利用方式，强调了利用的公益性和可持续性，反对和避免过度利用。这是中国文化遗产保护的重要探索。

2016 年国家文物局《关于促进文物合理利用的若干意见》提出了文物利用的基本原则，即坚持把社会效益放在首位，注重发挥文物的公共文化服务功能和社会教育功能，传承弘扬中华优秀文化，秉持科学精神、遵守社会公德；坚持依法合规，严格遵守文物保护等法律法规，注重规范要求，切实加强监管；坚持合理适度，文物利用必须以确保文物安全为前提，不得破坏、损害文物、影响文物环境风貌，文物利用必须控制在文物资源可承载的范围内，避免过度开发。

2018 年《关于加强文物保护利用改革的若干意见》直接指出："统筹好文物保护与经济社会发展，在保护中发展、在发展中保护。"

学者林源认为，在建筑遗产利用与保护之间关系的分析上，要从理论、国家制度、教育管理等宏观层面着手，利用须以保护为前提，不可影响其展示功能。此外，林源提出了六个利用原则：①以保护为前提，有利保护，促进保护；②能够体现建筑遗产的价值与文化意义；③建筑遗产利用的公益性质不能改变；④必须遵守可持续发展原则；⑤建筑遗产利用不能影响遗产的展示；⑥建筑遗产利用产生的经济收益要用于遗产保护及相关事业的发展。这些利用原则与《中国准则》秉持的利用理念一脉相承，更加具体化。

目前，学界对建筑遗产保护与利用的关系存在着一些基本共识。

保护与利用并不矛盾。静态保护与动态开发并重，建筑遗产保护工作完备是合理利用的基础，只有探明建筑遗产功能、确定价值、看到保护过程中的问题才能使之得到的更好的利用。通过对建筑遗产保护利用及投资管理模式的探索，建立多元开放的保护开发平台，实现多元主体的保护与开发。要创造新的资源整合机制，将建筑遗产的科研、监督、保护和利用进行有机整合。

保证建筑遗产的公益性质，须从历史遗迹保护利用的角度评价利用的优劣，以可持续发展原则量度改造利用的成败。

一般来说，建筑遗产的利用或再利用是指在保存基本形态和样貌，保护其历史传统和文化内涵的基础上，将其与民众的当代需求相结合、与市场经济的逻辑和规律相结合、与城市规划和政府政策相结合、与当代文化发展和核心价值相结合，实现历史传统的当代呈现，进而促进潜在文化功能的提升和重塑，使建筑遗产在社会经济文化体系中获得更深层次的社会存在意义与价值。事实上就现存意义而言，保护建筑遗产的根本目的就是利用建筑遗产所内蕴的丰富和珍贵的文化、价值资源及其现实指向，以更好地为当代或未来社会提供多样性服务，从而在人类社会与建筑遗产之间建构起一种相融并存、互利共享的桥梁，既能盘活闲置的老建筑，又可以保存和延续人类文化精神财富，并赋予建筑空间新的生命。因此，正是基于这个意义，建筑遗产的利用是加强保护的必要手段，是同一过程的两个方面，两者互为补充、不可分离。

（一）保护是利用的实现基础和目标

建筑遗产由于具有历史、文化、科学、艺术等价值，对人类社会和城市的发展具有重要意义。城市历史是连续不断的创造过程，每个时期的创造和积累都是不可复制的。建筑遗产记载了城市不同时期的发展历史，传承了城市的文脉，同时还延续着城市的生活方式。建筑遗产的保护需要以维护建筑遗产的格局、改善街区的物质环境、延续街区生活性为前提。

利用应该是一种保护性利用。如果这些基本价值存在的实物没能得到很好的保护，就谈不上建筑遗产的利用。历史不会重演，岁月痕迹一旦抹去也不复存在。历史文化资源的稀缺性与不可再生性，决定了保护是利用的基础。为获得老街区的经济效益，将建筑遗产推倒后再通过重建等手段来弥补历史文化价值的方式不可取，也不可行。只有在建筑遗产得到良好维护的前提下，才能合理利用建筑遗产，发挥其资源与功能价值。

总之，建筑遗产作为城市历史文化遗产体系中的重要组成部分，延续其活力才称得上对其保护，这也是建筑遗产需要利用的原因，有所发展才能更好地保护。正如一个英国妙喻所言："城市就像一本厚厚的历史书，每一代都不要把前代所书写的精华部分抹去，同时不要忘记写上当代最有代表性的内容。"

（二）利用是保护的重要手段和途径

利用是帮助人们了解遗产价值和文化意义的活动。采取恰当的方式，可使历史文化资源得到更好的诠释。对仍然持续原有功能的建筑遗产，利用就是延续其功能并使之更好发挥的有效途径；对已经失去原有使用功能的建筑遗产，利用是对其功能某种意义上的恢复；对无法恢复的建筑遗产，利用需要赋予其新功能。

建筑遗产的合理利用是人作为主体进行体验的一种方式，一方面能获得很好的社会效益与经济价值；另一方面也能促进街区的发展，为街区的保护提供经济基础。有了经济基础，建筑遗产保护工作才能更好开展，从而形成良性循环。建筑遗产的保护主要针对本身需要保护的信息与内容。利用要从发展的角度，从社会、经济、文化等多层次去综合权衡和整体把握，探索遗产的合理利用方式，使遗产获得可持续再生的活力，承担街区的部分功能并与城市发展有机结合。

综上所述，建筑遗产领域中，"遗"是历史的存续，需要保护；"产"是现实的体现，需要盘活。保护是支持利用和发展的，利用同时也是强调以保护为基础的。

缺乏利用的"静态保护"会使建筑遗产失去活力和发展动力；不考虑保护的破坏式发展也会使建筑遗产失去地域特色和文化底蕴。需要强调的是，建筑遗产的可持续利用是以人为主体的一种行为活动，这样的活动离不开参与其中的各方在职能分工、收益分配上的紧密配合和良性互动。通过对建筑遗产的有效利用，资源、资产和收益得到更有效的合理配置。各方既是要素的提供者，也是获益者。企业提供开发资金并负责具体的运营，获得利润；政府为项目提供政策指导、监督开发，同时获得税收收入，加大建筑遗产保护的投入和力度；当地居民或村民通过参与旅游服务业，实现就业转移、增加收入、改善生活条件，并增强自觉保护意识，最终实现建筑遗产的有效保护与利用。

建筑遗产保护是利用的实现基础与目标，利用是实现目标的重要手段和途径，文化价值传承与可持续发展是建筑遗产保护利用的最终目标。陆地教授指出："如今越来越关注利用，强调利用，希望通过利用'释放'遗产的内在价值，将遗产置于当下社会建构的态势下，我们在道德伦理上也不应忘记我们的未来责任，不应忘记永续利用这个终极目的及其唯一且必然的方法论：保护。"

第三节　建筑遗产合理利用与区域经济发展

建筑遗产合理利用应该遵循保护与利用相协调的原则，正确处理历史文化的保护与现代化建设的关系。保护是为了保证建筑遗产不受破坏，为一定历史文化时期提供真实的见证；利用需要依靠自身的优势，适度发展相关产业，如旅游开发、健康养生等经济活动。这些不仅不会对建筑遗产造成破坏，而且已成为展示历史遗产风貌的新途径。

罗哲文早在2008年就指出，离开经济社会效益，遗产很难被保护好。保护工作越来越受到重视，就是因为对于历史文化名城的保护和利用发挥出了效益。有的是经济效益，有的是社会效益，当然社会效益是首先考虑的，最好是两者兼得。人们越来越意识到，保护不是包袱，而是财富。旅游是一个非常重要的桥梁。旅游本身就是一个文化产业，一方面旅游具有增长知识、锻炼身体、受教育、提供科学研究等作用；另一方面，旅游就是要带来经济效益，越多越好。之所以有些地方的保护工作与旅游发展产生矛盾，是因为没有处理好二者的关系，如果能处理好二者的关系就不会发生矛盾。第一，要做好保护规划，宾馆、商店、旅游设施的建设，都应当以保护规划为准。第二，应当解决人流的问题，将人流错开。如果旅游和保护做得比较好，就能两全其美，相得益彰。

一、建筑遗产的合理利用有利于当地经济的发展

建筑遗产作为一种特殊资源，除了本身具有的历史、科学和社会价值之外，还具有一定的经济价值。建筑遗产在长期有效的保护中具有较强的外部性。这种外部性对地方经济产生巨大影响，主要体现在对旅游业的推动作用，从而带动许多相关产业的发展，形成新的商业增长点。尤其是作为商业区的历史街区，不但可以增加个人投资，也可以刺激经济发展。

建筑遗产作为旅游资源使用时具有特殊性。这种特殊性体现在建筑遗产对一个地方产生的品牌效应、区域地标效应和区域符号效应，可以通过带动旅游消费和周边产业发展，为地方经济增长注入长久生命力。"旅游目的地"几乎成为历史名镇、村、历史文化街区和历史名街所在地的代名词，这些"金字招牌"可以增加当地的就业机会、经济收入、贸易和税收，促进相关旅游、文化和对外交流活动的蓬勃发展，并产生可观的旅游经济效益和品牌效益，甚至为当地产业结构的优化作出贡献。据相关数据分析，在法国遗产保护利用过程中产生大量就业机会，包括直接、间接、诱发创造的就业人数。直接就业人数指各种遗产利用和保护机构的人数；间接就业人数指遗产保护和修复领域的人数；诱发就业人数指将遗产作为原型，如艺术和工艺、文化产业甚至一些非文化活动产生的就业人数。世界旅游城市联合会（WTCF）与中国社会科学院旅游研究中心发布的《世界旅游经济趋势报告（2018）》显示："平均 10 000 个旅游者创造 1.15 个就业岗位，1 个是平时岗位，0.15 个是临时岗位。"因此，建筑遗产在作为旅游经济发展的同时，必将带动相关服务业，如餐饮、交通、通信、旅馆、娱乐业的发展。报告表明，超过 30% 的旅游业收入属于相关配套服务业。尤其在一些偏远地区，以其特有的建筑遗存为依据和资源，带动具有地方特色的传统工艺品的制作与研发，形成地区产业发展点，完成产业结构调整。以云南香格里拉古城为例，这座偏远小城从一个被遗忘的角落迅速发展成令人向往的旅游胜地，其原因就在于香格里拉立足自身独特而丰富的历史文化遗产和生态资源，进行了适度利用与宣传展示，以古城建筑遗产保护带动了当地的旅游经济发展。

二、当地经济的发展促进建筑遗产的保护

经济收益是建筑遗产保护的物质基础。纵观世界发展，曾经对建筑遗产保护花大力气的地方，如今社会效益和经济效益都较好，在投入产出上取得了丰厚的回报。建筑遗产的固有属性决定了其与其他类型旅游资源存在差异，体现在遗产资源的原创性、稀缺性、不可再生性和不可替代性。这些特性赋予了建筑遗产在经济发展中的优先地位。也正因这些特性，建筑遗产在保护中需要投入大量的资金、技术等。因此在建筑遗产保护中，当地经济的发展程度具有很大的影响。通过国内建筑遗产的地区分布可以看出，经济发展条件较好的省份和地区，建筑遗产的保存完好程度以及产生的效益要明显高于经济相对落后的省份和地区。当地经济的发展，能为建筑遗产的保护提供多方面、多渠道的资金来源，有利于保护和修复建筑遗产本身，对建筑遗产所传承的历史价值也能提供较好的保存和发展条件。正是在这样一种良性循环中，当地经济的发展更能促进建筑遗产保护的技术和管理的发展，增加具备建筑遗产保护管理资质的专业人员配备，使建筑遗产的保护和管理更加规范化。

三、建筑遗产与区域经济发展

建筑遗产可以带来旅游经济效益，成为当地的经济增长点，打造一个地方名片。这些持续稳定增长的核心就是有效保护建筑遗产，即在利用上要摒弃急功近利、竭泽而渔的方式，做好长远规划、有效规范，制止诸多破坏行为的发生。首先，本着保护、适度、长远的原则，不单是做建筑遗产的旅游经济文章，更要从吸引投资、带动相关产业发展的角度入手，形成一个以建筑遗产为核心的经济文化圈。其次，积极调整地方不利于建筑遗产保护和发展需要的产业结构，大力发展高新技术产业，在满足遗产保护的前提下，谋求地方经济持续、稳定发展，让建筑遗产形成促进地方经济发展的"永动机"。

当然，建筑遗产的保护有效与否不能简单地用经济价值来衡量，真正无价的应该是建筑遗产本体及其所蕴含的文化与历史价值内涵。保护建筑遗产，就是保护无价的历史，就是保护民族和地区的文化之根，就是保护人们生存发展的人文环境。因此，建筑遗产从来都不是也不应该是地方社会经济发展建设的附属品，它们之间是共生互动的关系。促进经济发展的同时也要更好地保护建筑遗产，两者是相辅相成的。此外，我国经济发展并不平衡，东中西部地区存在差异，城市

和农村存在差异，历史名村、名镇与历史街区皆存在差异，不能片面地按照统一的模式去利用和保护，应该"因地制宜"，最大限度地发挥建筑遗产的综合效益。

处理好保护、利用与经济发展的关系，要摒弃"建筑遗产保护是经济发展的包袱"这种错误观念。建筑遗产有着悠久的文化底蕴和广泛的社会影响，具有很高的可利用价值。在保护建筑遗产的基本前提下，应充分挖掘内涵价值特征，合理发挥建筑遗产的社会效用，整合建筑遗产的资源优势，带动相关产业的配套发展，以产生更大的经济效益和社会效益，使得建筑遗产的保护工作和经济发展最终实现双赢，达到"鱼与熊掌兼得"的可持续发展目标。

第四节　建筑遗产与城市空间整合

一、整合的目标

对城市空间进行整合的大目标自然是解决城市问题，即提高城市活力，减少空间认知的困扰，增加城市特色产生的可能性，提高城市安全度以及延续城市记忆。而这一大目标可以拆分为两个小目标。

在静态关系上，使建筑遗产空间能够提高周边城市空间的整合度；在动态关系上，二者形成可持续的良性互动关系，使建筑遗产空间组群成为城市空间系统下的一个有利的子系统。

前者的实现，保证了建筑遗产空间在当下可以起到优化城市空间的作用；而后者的达成，则进一步保证了城市空间在未来的发展中继续从建筑遗产中获益。

对于建筑遗产来说，利用它们进行城市空间整合，是为了能够更好地使建筑遗产参与到城市生活中去，成为城市空间系统内的一个有机组成部分。因此，延续建筑遗产的"生命"也是空间整合的另一个目标，只不过这一目标的达成是在空间整合后自然实现的。

二、整合的原则

第一，在整合过程中，首先应该注意的是不能令这几项目标的达成方式相互干扰，例如在追求空间活力的时候，削弱了空间的安全性；或者在提高空间识别度时，影响了空间记忆的延续。因此，要同时达成上述目标需要有系统化的指导思想，不是将上述目标作为一个个孤立的单项，而是综合考虑后进行优化，从而真正达到整合的目的。因此，采用系统化的思想是进行整合的第一个原则。

第二，坚持正确的城市空间发展方向，拒绝"摊大饼"和"大拆大建"。空间整合的对象当然是城市空间本身，如果对城市空间本身进行大拆大建，显然不符合整合的本意，既浪费资源也失去了整合的意义。因此，本书所涉及的城市空间整合，主要是指在城市建成区内进行的空间重组和优化，而非另建或重建城市空间。

第三，在前两项的基础上，将重点放到调整空间关系上，尽量减小对空间形态的改变是整合的第三个原则。保护空间形态，可以确保城市记忆载体的延续和建筑遗产本体的保存。因此，在进行空间整合前，需要寻找一条不以破坏城市空间形态为代价的整合途径。

三、整合的途径

基于整合的目标和原则，选择适宜的研究方法和研究步骤。基于空间之间的关系来确定空间的属性，通过量化这些属性获得直观、准确的空间状态。具体来说，就是采用空间句法的方法对空间属性进行计算，并通过计算结果确定空间的整合度。因为空间句法是建立在系统论的前提下的，采用空间句法一方面确保了系统化的原则对于空间的分析始终保持着系统的观念；另一方面，采用空间句法还可以减小对空间形态的破坏，因为空间句法本身就是倾向于梳理空间关系而非重建空间的形态，这样就预先减少了大拆大建的可能性。

整合的步骤是：首先分析某一建筑遗产空间组群与其周边城市空间的相互影响关系；然后依据分析的结论，提出针对局部地区的建筑遗产空间与城市空间的整合优化建议。前面的分析工作将通过选取的案例来完成，而最后的整合优化则通过虚拟的方案修改来实现。

四、建筑遗产与城市空间整合研究的方法

（一）划定片区与确定时间节点

1. 空间组群的地理边界

空间句法理论基于空间自组织论和系统论，其研究方法也是以考查空间关系

为核心。在运用空间句法理论进行研究时,首先应该注意到当我们谈论某一个空间时,我们谈论的并不是这个空间孤立的本身,而是它作为一个系统中的一个组成部分所表现出来的种种属性,这些属性仅当它存在于系统中时才会出现。当系统(组成系统的单元数量、单元之间的关系或者系统与其他系统的关系等)发生改变,这个空间单元的属性就会发生变化;反过来,当一对空间单元之间的关系发生改变,这种改变也会波及系统内的所有其他空间单元,而导致整个系统的某些属性的改变。由此可见,在使用空间句法时,首先需要确定的就是空间系统的范围。

通常来说,这个系统的范围越大,系统内部的空间单元就被描绘得越准确,运算得出的数据可信度也越高。但事实上,我们不可能完全准确地定义空间系统的边界。无论是以一个城市,还是一个地区,甚至一个国家为一个空间系统,在系统的边缘都一定还会出现与其他系统相联系的空间单元。世界文明发展到今天,可以说没有任何一个空间系统是完全独立的。不过,正如每个空间系统都会有核心一样,我们的确可以将一些特殊的位置描述成空间的边缘地带。相较于靠近核心的位置,在这些位置上空间之间的联系大大减少或者极为简单,这些地带就成为系统与系统之间的分水岭。尽管并不是完全的割裂,但来自系统内部的力量到了这里变得非常微弱。我们正可以据此来划定空间系统的边界。

另一个可以作为划分空间系统边界的依据是研究目标本身。本书这部分所研究的核心问题是建筑遗产空间对于城市空间整合度的影响,因此建筑遗产空间就成为被研究空间系统的核心空间。被研究的空间系统应当是以建筑遗产空间为核心,以其影响力为半径的一个空间组群。这个空间组群的边界需要有双重特征:第一个特征是在边界上空间的密度明显降低,空间关系明显简化,也就是说空间系统本身在这里出现了一个分水岭;第二个特征是建筑遗产空间的影响力在这里明显削弱,这个影响力削弱的主要标志是视线的遮挡、交通的不便和心理感受的明显减小。这两个特征有时并不是一致的,此时需要根据具体的实际情况进行界定。

因此在进行此项研究时,划定被研究空间组群的地理边界,需要进行大量的社会调查,参考历史信息及规划方案,才能进行定位。在定位之后还要进行多次演算,观察计算结果与实际情况是否相符,才能将空间组群的地理边界调整至一个最合适的位置。

2. 用于比对的时间节点

在进行数据分析之前,用于纵向比较的时间节点的确定也是一个关键。建筑遗产空间组群的演变时间和城市空间组群的演变时间基本相同，这在西安的新开发区较为常见。但在老城区或者其他城市，这二者不一定是同时发生变化的。通常来说，建筑遗产空间组群发生改变的时间比较容易确定，以建筑遗产开发再利用项目实施的时间为时间节点的分割线即可。但城市空间组群的演变则不一定都是突变，尽管目前国内各个城市开发的力度都很大，城市空间的演变速度也很快，但要找出一个明确的时间节点却不太容易。不过，我们依然可以通过考查建设量来进行时间节点的确定。如果在某一时期，被研究的城市空间组群内的建设量出现高峰，那么用于比较的两个时间节点应当设定在此高峰出现的之前和之后。当然，有时也会出现建筑遗产空间组群的建设时间与城市空间组群的建设时间不一致的情况。在这种情况下，应该以前者的时间为准。因为研究对象的核心空间为建筑遗产空间，且它对城市空间的影响虽然也会随着城市空间本身的变化而变化，但首先源自它自身的改变。

具体来说，第一个历史时间节点必须设定在建筑遗产空间组群发生重大改变之前。如果城市空间组群发生巨变的时间与之相接近，那么最好也设定在城市空间组群发生变化之前。如果时间间隔太远，则不予考虑。第二个用于比较的时间节点，必须设定在建筑遗产空间的突变结束之后，也就是改造、再利用或者开发建设实施完毕，建筑遗产空间组群投入正常运行之后。如果城市空间组群的突变已经结束，即被研究片区内的城市建设基本告一段落，则也将其演变时间包含在内。如果城市空间组群的突变延续至现在尚未结束，则应将第二个时间节点设定得尽可能晚。因为，如果城市的大规模建设尚未结束，那么城市空间组群的系统状态尚不稳定，空间关系依然在人为干扰下发生巨大的变化，此时进行建筑遗产空间的影响研究，其结论准确度就会受到影响。

（二）绘制可达空间平面图

在确定了研究对象（城市片区空间组群）的地理边界和时间节点之后，就可以开始绘制可达空间平面图。这种平面图的绘制基于以下三个原则。

1. 可见性优先

人是视觉动物，人的行为主要取决于获得的视觉信息。人的知觉过程中对应视觉信息的部分可以分为两类："可见"与"所见"，前者强调的是"能够看到"，而后者强调"看到的是什么"。当人们用视觉来体验环境时就会发现，"可见"与"所见"处在不同的感知层次上。人们首先会下意识地判断实体对象对视线的阻挡，完成"可见"的过程，然后才会在其中寻找感兴趣的部分进行观察，通过对被观察对象的认知完成对"所见"的理解。"可见"近似于一种集体无意识的行为，基本不需要思维的介入，因此人们对空间的基本体验首先来自这种集体无意识的"可见"行为。在日常生活中，集体人对所处空间环境的理解就是基于无数次这种"可见"行为的叠加，"可见"比"所见"更符合集体人的行为模式和他们对生活环境的认知方式。

在针对城市空间的研究中，尽管我们并不否认个体知觉之间的差异，但是更关注集体人对环境知觉的共性。对于空间环境中可见信息的认知，人们通常可以达成一致，因为"可见"信息简单明了且无须经过思维处理。因此，以可见性为原则更符合城市空间的使用者——集体人的认知特征，更具有普遍意义。

在集体人对空间的使用上，视觉的通达起到关键的作用。在绘制可达空间平面图时，空间单元可见性就成为一项重要的绘制原则。对于那些尽管可以到达但是在视觉上不可见（如地下通道）的空间单元，在绘制时应该明确地与可见空间单元区分出来，甚至依据实际情况不将其绘制为可达空间。

2. 步行可达原则

城市空间的使用者在出行时无外乎采取两种方式：步行或者借助交通工具。采用这两种出行方式可以到达大部分空间，但也有少数例外。

第一，步行街区或狭窄的小径。第二，机动车专用道，如高架桥、高速公路等。前者可以一律视为可达空间。因为城市空间整合的最终目标，是要使城市具备充足的城市活力、易于识别的城市空间、鲜明的城市特色、良好的城市治安和可持续的城市记忆。这些目标的达成都离不开街道上集体人有目的或无目的的活动，而各类活动发生的基本条件就在于人流的汇聚和停留。在步行人流中产生集体活动的概率远远高于借助自行车或机动车的出行者，过高的机动车流量甚至会严重影响街道上集体活动的发生。在城市中，最具有活力的空间永远是那些步行道或者宽阔的人行道。因此，只允许步行通过的空间绝对是可达空间的重要一类。与之相反，机动车专用道在可达空间平面图中将被视为"不可达"的空间。因为这类空间对于城市的活力、城市的安全性、城市特色方面和城市记忆方面贡献甚微，甚至有着负面影响。

3. 凸空间

凸空间本身是一个数学概念，若连接某空间中任意两点的直线都处于该空间中，则该空间为一个凸空间。换言之，凸空间就是不包含"凹的部分"的小尺度空间。从可见性的角度来分析，凸空间中所有的点之间都是相互可见的，在凸空间中的任意一点都可以看到整个凸空间。

凸空间这一空间单元模式的提出，是由于位于每一个凸空间中的所有空间使用者之间都能够彼此看到。空间使用者之间可以相互看到，就存在产生交流、互动的潜在可能性，因此凸空间表达了空间使用者相对静止的聚集状态。凸空间是在满足人们互相交流的空间使用需求的前提下，将空间系统分解为空间单元的分解模式，在空间句法中规定，应该用最少的凸空间覆盖整个空间系统。

在绘制可达空间平面图时，凸空间原则也是一个重要原则。若未按照该原则进行空间系统分解将会影响轴线图的生成，进而影响数据的准确度。

（三）生成轴线图与试运算

空间轴线代表空间使用者在空间中所能看到的最远直线距离，描述了一个沿一维方向展开的小尺度空间。从行为角度来理解的话，空间轴线描画了空间单元内最经济、最便捷的运动方式。空间轴线是在凸空间的原则上，对空间系统的进一步分解。因为轴线具有视线和运动方式的双重含义，因此轴线分解意味着空间使用者对空间的最大化经验方式。生成空间轴线图之后还需要进行以下工作。

1. 检查轴线图与实际是否相符

将生成的轴线图与城市空间的实际情况进行比对。如果生成的轴线穿越了不可达空间，则需要对平面图进行修正。在进行全局计算后，如果产生的集成度中心与实际情况有严重的偏离，也需要重新检查平面图是否绘制有误。在修正了以上错误后才能进入下一步。

2. 确定局部半径

设定不同的半径值进行运算，从中选择计算结果与实际情况最为吻合的半径值。此时计算出的空间系统内的局部中心位置与实际情况最为接近，可将以此半径值计算出的结果作为研究数据。

3. 获得三级因子

将调整好的轴线图全局空间属性值与设定合理半径的局部空间属性值进行必要的标准化处理后，重点是排除空间数量的干扰，从而获得空间整合度的三级因子，并以此为基础进行数据分析。

（四）各级影响权数的确定

获得三级因子数据后，进行空间整合度计算的另一个重要步骤是各项、各级因子影响权数的确定。这项工作主要依赖社会调查。在社会调查中需要注意以下几个方面。

1. 人流量调查

人流量调查用于计算空间便捷性的各项影响因子（空间群属性标准值）的权数。在进行人流量调查时，不能违背可视性原则、步行原则和凸空间原则。以街道为例，首先需要以路口为边界，计算每两个相邻路口之间的一段街道上的每小时人流量；然后计算一条空间轴线所穿越的各段街道的人流量平均值；再将各轴线的空间属性值与人流量平均值按照对应关系输入矩阵，进行决定系数计算；最后将决定系数进行归一化处理，获得某空间群属性标准值的影响权数。

对于人流量的统计应分时段多次进行。统计时间要包含工作日、节假日、交通高峰期、交通低谷期和一般时间这几种时间段。对每一个时间段进行尽可能多次的重复统计，以提高数据的准确性。

2. 案件与反社会行为调查

该项社会调查主要用于进行安全性的各项影响因子的权数计算。在进行该项社会调查时也要注意两个问题。

第一，在通过地方派出所和公安部门了解案件数量和案件发生的位置时，需要排除一些有特殊原因的、与空间无关的犯罪。例如，有些犯罪行为的发生，主要因为犯罪人与受害者之间的个人恩怨，案件发生地是受害人的住处，这类犯罪不予考虑。实际上，主要需要收集的数据是那些在城市空间内随机发生的犯罪类型，如盗窃、摩托抢劫、儿童劫持与诱骗等。

第二，反社会行为泛指那些没有触犯法律，但是容易引起大众反感，影响正常社会活动发生的行为，如乞讨者的聚集、涂鸦、轻度破坏公共设施以及聚众酗酒等。反社会行为数据需要通过长期的观察和社会访谈才能收集到。因此，该项数据的准确性主要取决于观察时间和访谈数量。观察时间以夜间和凌晨为最佳，因为在人流高峰期，即便是灰色空间也很难会出现反社会行为。而访谈对象应选择片区内的长期居住者和义务治安员。因为他们对片区的情况非常熟悉，而且不容易引起反社会行为人太高的警惕，较容易观察到反社会行为的发生。

3. 针对一级因子的问卷调查

对于空间整合度一级因子权数的确定，主要采用问卷调查的方式。在设计问卷时，要符合社会学研究的基本原则。尽量做到问题清晰易懂，并控制问题数量在十个左右。问卷的数量和调查对象的多样化可以提高调查的准确度，因此应选择不同年龄层次、职业、教育背景和居住地的人群。

（五）数据分析与优化模拟

在完成三级因子的数据采集、权重确定后，就可以计算出二级因子、一级因子和空间组团的空间整合度数值。接下来就是对这些数据的具体分析和归纳总结。数据分析主要分为三种方式：纵向比较、静态比较和动态比较。

纵向比较是指对同一空间系统在不同时间节点上的空间群属性标准值进行比较。通过纵向比较可以得知空间组团在建设前后所发生的具体变化。静态比较是在同一时间节点上，对空间母系统和其内部的子系统进行比较，以获悉子系统对母系统在该时间节点上的影响。动态比较是对空间母系统和其内部子系统在同一时间段内各自产生的变化进行比较，以分析二者的动态关系。如果这三类比较的结果都是理想的，那就意味着该空间母系统与子系统完全整合了。

进行数据分析时，不仅要观察各个数据的增减趋势，还应注意变化幅度相对于数据本身的大小比例，从而得出正确的结论。

对空间系统二级因子的变化进行分析时，不应草率地评定其好坏。因为二级因子只能说明空间关系本身赋予每个空间系统的属性，并不直接反映这种空间关系是否与城市发展的目标相一致。例如，全局集成度标准值对于便捷性来说是正向因子，而对于安全性来说则是负向因子，因此不能单纯从二级因子的增减来判断空间关系的优劣。

此外，也不能仅仅通过最终的整合度值的比较分析，武断地得出空间系统是否需要进一步优化的结论。整合度值只是一个用于考查空间系统综合水平的数值，虽然有高度的概括性，但也因其概括性而并不能细致地描述空间系统在各个方面的优劣，因此还需要结合一级因子的变化来得出相应的结论。一级因子不仅与空间使用者的感受直接相关，还综合反映了空间系统内部各个空间单元的属性，它是连接理论数据与实际现象的桥梁，也是该研究方法中得出结论所依据的最重要的一组数据。

在完成所有的数据采集、分析和归纳总结后，如有必要就进行适当的优化模拟计算，针对结论进行城市空间整合度优化设计。这项工作的原则就是尽量不改变城市空间原有的肌理，控制建设量和城市面积，充分发挥从空间关系入手进行空间优化的优势。

第五节　建筑遗产干预的主要原则

一、真实性原则

"真实性原则"是建筑遗产保护观念的核心。作为《威尼斯宪章》遗产保护修复的"普适性价值成果"，被世界范围内的大多数地区所接受，成为现代科学修复思想的核心。

真实性原则就是，在建筑遗产保护中要求保存一切有价值的信息，保持真实性，这在建筑遗产保护中基本达成共识。但如何保持真实性、衡量真实性的尺度何在，一直以来学界存在不同的认识或争议。在《实施〈世界遗产公约〉操作指南》中，将真实性概括为结构、材料、工艺、环境四要素。《奈良真实性文件》从文化多样性和遗产多样性的角度出发，将真实性的要求定义为八个层次："形式与设计，材料与质地，利用与功能，传统与技术，位置与环境，精神与情感，其他内部因素和外部因素，以及上述组成部分的'时序变化'。"其中"位置与环境的真实性、利用与功能的真实性、形式与设计的真实性、传统与技术的真实性以及材料与质地的真实性"作为真实性的核心内容，成为评判遗产价值与遗产保护修复合理性的基本要求。

需要我们注意的是，西方建筑遗产保护体系一直是建立在砖石结构的建筑上，《奈良真实性文件》从亚洲地区木构建筑的多样性特点上提出了新的认识。

对于真实性，其他部分国际文件也有相关描述。

《威尼斯宪章》：世世代代人民的历史古迹，饱含着过去岁月的信息留存至今，成为人们古老的生活见证。人们越来越意识到人类价值的统一性，并把古代遗迹看作共同的遗产，认识到为后代保护这些古迹的共同责任。将它们真实地、完整地传下去是我们的职责。

《佛罗伦萨宪章》：历史园林的真实性不仅依赖于其各部分的形式和尺度，同样依赖其景观、意境特征和每个部分所采用的植物素材和无机物素材的选择。

《巴拉宪章》：保护的基础是尊重现有构件、用途、联系和内涵，这要求采取一种谨慎的方法，只做最必要且尽可能少的改变；对一个地点的改变既不应当歪曲其所提供的自然的或者其他的证据，也不应当以猜想为基础。

我国建筑遗产保护"不改变原状"的理念，与"真实性原则"基本一致。

《中华人民共和国文物保护法》中指出"对不可移动文物进行修缮、保养、迁移，必须遵守不改变文物原状的原则"。

《中国准则》对"不改变原状"有更为翔实的解释。

第一，文物古迹的原状主要有以下几种状态：①实施保护之前的状态；②历史上经过修缮、改建、重建后留存的有价值的状态，以及能够体现重要历史因素的残毁状态；③局部坍塌、掩埋、变形、错置、支撑，但仍保留原构件和原有结构形制，经过修整后恢复的状态；④文物古迹价值中所包含的原有环境状态。

第二，情况复杂的状态，应经过科学鉴别，确定原状的内容。包括：①由于长期无人管理而出现的污渍秽迹、荒芜堆积等，不属于文物古迹原状；②历史上多次进行干预后保留至今的各种状态，应详细鉴别论证，确定各个部位和各个构件的价值，以确定原状应包含的全部内容；③一处文物古迹中保存有若干时期不同的构件和手法时，经过价值论证，可以根据不同的价值采取不同的措施，使有保存价值的部分都得到保护。

第三，不改变文物原状的原则可以包括保存现状和恢复原状两方面的内容。

一方面，必须保存现状的对象有：①古遗址，特别是尚留有较多人类活动遗迹的地面遗存；②文物古迹群体的布局；③文物古迹群中不同时期有价值的各个单体；④文物古迹中不同时期有价值的各种构件和工艺手法；⑤独立的和附属于建筑的艺术品的现存状态；⑥经过重大自然灾害后遗留下的有研究价值的残损状态；⑦在重大历史事件中被损坏后有纪念价值的残损状态；⑧没有重大变化的历史环境。

另一方面，可以恢复原状的对象有：①坍塌、掩埋、污损、荒芜以前的状态；②变形、错置、支撑以前的状态；③有实物遗存足以证明为原状的少量的缺失部分；④虽无实物遗存，但经过科学考证和同期同类实物比较，可以确认原状的少量缺失和改变过的构件；⑤经鉴别论证，去除后代修缮中无保留价值的部分，恢复到一定历史时期的状态；⑥能够体现文物古迹价值的历史环境。

坚持真实性原则，就是要真实地保护各个历史时期的历史信息。建筑的真实性更离不开对各个影响因素的具体分析，从建筑体系的角度和历史发展的角度认识并评估影响的结果，以获得对真实性最恰当的认识。

二、完整性原则

建筑遗产保护对完整性的重视，是在不断的研究实践中逐步得以加强的。完整性不但包括建筑的本体，也包括其周边的环境。除了实体和视觉的含义，环境还包括与自然环境之间的相互作用，过去或者现在社会的精神活动、习俗、传统知识等非物质文化遗产方面的利用或活动，以及其他非物质文化遗产的形成，它们创造并形成了环境空间以及当前的、动态的文化、社会和经济背景。

国际上相关文件对完整性的描述如下：

《雅典宪章》：应注意对历史古迹周边地区的保护；具有艺术和历史价值的纪念物的邻近地区，应杜绝设置任何形式的广告和有损景观的电杆，不许建设有噪声的工厂和高耸状物。

《威尼斯宪章》：古迹的保护包含着对一定规模环境的保护。凡传统环境存在的地方必须予以保存，决不允许任何导致改变主体和颜色关系的新建、拆除或改动；古迹不能与其所见证的历史和其所在的环境分离。

《内罗毕建议》(《关于历史地区的保护及其当代作用的建议》)：每一个历史地区及其周围环境应从整体上视为一个相互联系的统一体，其协调及特性取决于它的各个组成部分的联合，这些组成部分包括人类活动、建筑物、空间结构及周围环境。因此，一切有效组成部分，包括人类活动，无论多么微不足道，都对整体具有不可忽视的意义。

《佛罗伦萨宪章》：在对历史园林或其中任何一部分的维护、保护、修复和重建工作中,必须同时处理其所有的构成特征。把各种处理孤立开来将会损坏其完整性。

《西安宣言》[①]：不同规模的古建筑、古遗迹和历史区域（包括城市、陆地和海上自然景观、遗址线路以及考古遗址），其重要性和独特性在于它们在社会、精

---

① 国际古迹遗址理事会第15届大会（以下简称"大会"）在古都西安成功召开，这是国际古迹遗址理事会在我国首次召开大型国际会议。大会于2005年10月21日通过了《西安宣言》，将中国的哲学思想、文物保护的理念以及西安的文化保护经验，纳入文物保护的国际规则之中。

神、历史、艺术、审美、自然、科学等层面或其他文化层面存在的价值，也在于它们与物质的、视觉的、精神的以及其他文化层面的背景环境之间所产生的重要联系。

我国在相关法律、法规、文件中，也突出强调了整体性的保护，《中华人民共和国文物保护法实施条例》第九条：文物保护单位的保护范围，是指对文物保护单位本体及周围一定范围实施重点保护的区域。文物保护单位的保护范围，应当根据文物保护单位的类别、规模、内容以及周围环境的历史和现实情况合理划定，并在文物保护单位本体之外保持一定的安全距离，确保文物保护单位的真实性和完整性。

当然，对建筑遗产保护完整性的理解应用，随着时代发展及其在不同国家和地区的展开，其内涵也越来越丰富与多元。

三、合理利用原则

建筑遗产保护的目的不仅是保存一个历史遗迹以满足人们对历史文化的怀念，更是为了从物质层面上延续我们的文化甚至生活本身，当然利用的自身也是保护。

对建筑遗产进行维修保护，是保证其继续良好生存下去的可能，之后还要充分考虑其利用功能，当然这是在科学合理的保护基础之上。利用一直以来是建筑遗产保护的一个课题，尤其是近年来如何合理利用成为建筑遗产保护的一个重要方面。对合理利用的原则，相关国际文件有如下描述。

《威尼斯宪章》：为社会公用之目的使用古迹永远有利于古迹的保护。因此，这种使用合乎需要，但决不能改变建筑物的布局或装饰。只有在此限度内才可考虑或允许因功能改变而需做的改动。

《马丘比丘宪章》：保护、恢复和重新使用现有历史遗迹和古建筑必须同城市建设的过程结合起来，以保证这些文物具有经济意义并继续具有生命力。

《巴拉宪章》：针对应甄别出遗产地的一种或多种用途或旨在保存其文化重要性，遗产地的新用途应当将重要构造和用途改变减至最少；应尊重遗产地的相关性和意义；在条件允许的情况下，应继续保持为其赋予文化重要性的实践活动。

我国的法律法规对合理利用的原则也有相关规定，《中国准则》：合理利用是文物古迹保护的重要内容。应根据文物古迹的价值、特征、保存状况、环境条件，综合考虑研究，展示、延续原有功能和赋予文物古迹适宜的当代功能的各种利用方式。利用应强调公益性和可持续性，避免过度利用。

建筑遗产保护越来越多地遇到合理利用的问题，如何抱有科学开放的态度，又如何进行合理利用，已成为建筑遗产保护性再利用的重要研究内容之一。

四、最小干预原则

最小干预原则是真实性原则的有益补充，是在整体真实性的原则下，对建筑遗产产生最小的干预，只有在经过评估不得不进行、不得不采用必要手段的前提下，才能对相关建筑遗产进行干预，力求最小地干预建筑遗产。

《威尼斯宪章》对最小干预原则的描述为：任何添加均不允许，除非它们不至于贬低该建筑物的有趣部分、传统环境、布局均衡及周边环境的关系。

我国法规对最小干预原则也有相关的规定，《中国准则》指出：最低限度干预，应当把干预限制在保证文物古迹安全的程度上。为减少对文物古迹的干预，应对文物古迹采取预防性保护。

即使建筑遗产在一定时期内存在一定的问题，但只要不涉及对建筑物的留存问题，一些问题现在难以解决，或要产生更多的破坏才得以解决，可以根据最小干预原则，暂时不予解决，待研究水平及技术手段提升后能够解决的时候，再予以解决。

五、可识别原则

建筑遗产在修复、维护的时候，需要对建筑物进行相应的增补，新增补的部分要与原建筑物区别开来，不能混淆，更不能伪真。修复后的建筑遗产要能够分辨出历史的与修复的，只有明确各时代的叠加，使改动具有可识别性，才会使建筑遗产具有真实性。

相关国际文件对建筑遗产保护可识别原则的描述如下。

《威尼斯宪章》：任何不可避免的添加都必须与该建筑的构成有所区别，并且必须要有现代标记。无论任何情况下，修复之前及之后必须对古迹进行考古及历史研究。缺失部分的修补必须与整体保持和谐，但同时须区别于原作，以使修复不歪曲其艺术或历史见证。

我国对可识别性也有相关的规定，《中国准则》：文物古迹经过修补、修复的部分应当可识别。

可识别原则在我国木构古建筑的具体应用中，与西方砖石结构建筑有所不同。我国木结构建筑物质、形态、工艺、材料与质感，如按照"明显差异"，可能导致古建筑文化价值、传统建造技艺等的丧失。我国木构古建筑在采用可识别原则的时候，可依据具体情况采用隐性差异的方法，通过细小的变动，或者在更换构件的部位做出标识、题记，起到表示差异的作用等。

六、可逆性原则

建筑遗产在保护中实施的措施和技术手段，都应该是在以后技术手段提升或者有其他变化时可以进行撤销的、可逆的；实施的保护技术和措施不是一劳永逸的，这样也才能使建筑遗产的保护更遵循真实性的原则。

对可逆性原则，国际相关文件的表述如下：

《巴拉宪章》：可能削弱文化重要性的改变措施都应该是可逆的，在条件允许的情况下，可将其恢复到改变前的状态。可逆性改变应被视为临时性措施。只有在迫不得已的情况下，才能采取不可逆的改变，且该措施不得阻碍未来的保护行动。

《关于工业遗产的下塔吉尔宪章》：改造应具有可逆性，并且其影响应保持在最小的限度内。

我国法规对可逆性原则也有相关的描述，《中国准则》：所有保护措施不得妨碍再次对文物古迹进行保护，在可能的情况下应当是可逆的。

可逆性原则可以及时弥补建筑遗产维修中产生的错误，或者便于未来以更加科学合理的技术手段、措施对建筑遗产进行新的维护。

第二章　建筑遗产的形式

本章讨论的是与建筑遗产的类型相关的常见概念。这些概念五花八门、多种多样，既有各自的特定含义，也有共同之处；既有类型上的不同，也有随着不同的管理需要而人为划分出来的概念。

第一节　纪念碑与历史纪念碑

monument 是建筑遗产界古老、常用的术语之一，也是全球建筑遗产保护界公认的基础性文件——1964 年通过的《威尼斯宪章》定义的两大核心遗产对象之一。我国学界通常将该词译为"古迹"，但这不足以说明这个术语的本质及其丰富的含义，在接触相关国际文献时，常常可能造成理解上的差异。

一、作为纪念碑的 monument

monument 是个非常古老的词，源于原始印欧语系的 men-，后来发展为拉丁语 monere，意味着令人想起、提醒、思索等。具有上述含义和作用的东西均可称为遗产对象。

monument 的本意是一种令人想起、提醒人们想起并引起相应思索的纪念碑。此外，虽然该词原本指且目前也常指有形的、不可移动的建筑类对象，但也可用于无形的、可移动的任何东西。例如，人们常将一个重要的历史事件、一本重要著作称为纪念碑。日本的某些动植物品种甚至也被相关的保护法规称为天然纪念物，也就是说将这些物种看成自然进化中的一种活的纪念碑。美国也把有些自然地貌当成具有突出地质变迁遗产意义、需要保护的"国家纪念碑"。

纪念什么、能令人想起什么，既是理解纪念碑的意义与价值的关键，也会导致不同的、甚至截然相悖的遗产处理结果。

二、有意为之的纪念碑

当某个原始人将死去的同伴埋葬起来，在上面堆出凸起的坟头或放置石块做记号，提示其埋葬地并以示纪念时，最早的纪念碑概念就产生了。monument 最古老和最原始的意义是为了纪念、彰显、表现某人、某事、某种信仰，使之一直存活在后人心中。小到墓碑、御碑，大到方尖碑、凯旋门、记功柱、金字塔、华盛顿纪念碑、人民英雄纪念碑等，这些纪念碑上往往还带有铭文以说明其纪念意义。1903 年，奥地利著名艺术史学家、建筑遗产保护史上的重要人物之一阿洛伊斯·李格尔将这种纪念碑称为"有意为之的纪念碑"。

各种原本就被当成特定崇拜对象和崇拜场所而建造的神像、祭坛、玛尼堆、神庙、教堂、寺庙等，也都是有意为之的纪念碑，即"内圣外体"的符号性纪念碑。其最初的建造意义、人们要纪念和崇拜的对象在于特定的"内圣"，而不是物质材料构成的"外体"。

"外体"只是"内圣"的符号性工具、载体和媒介，外体本身并不重要。即便人们为了最初或变化后的纪念和崇拜目的，以完全不同的材料或形式翻新、重建这种纪念碑的肌体，其符号性"内圣"意义仍旧不变，甚至更强大。例如，罗马的圣彼得大教堂就其建造初衷而言，主要是为了彰显圣彼得的安葬之地，颂扬他的功业、天国的荣耀和教廷的权威，大教堂本身仅是"外体"，并非供人纪念的纪念碑。因此，当文艺复兴时期的人们觉得 4 世纪所建的老圣彼得大教堂不再能强烈表达这种符号性"内圣"含义时，就毫无痛惜之情地拆除了已存在一千多年的老圣彼得大教堂，以完全不同的规模、形式和风格重建出人们如今所见的圣彼得大教堂。同样，随着国力的增强和民族自信心的提高，对于自然老化和破损的人民英雄纪念碑来说，无论是进行原模原样的完全重建，还是以完全不同的形式被重建得更高大、更雄伟，都可以达到完全无损，而且能更好地彰显其最初的符号性"内圣"建造目的：纪念中国近现代史上，为了反对内外敌人，争取民族独立和人民自由幸福，在历次斗争中牺牲的人民英雄们。

事实上，在 18 世纪末之前，在现代的建筑遗产保护意识出现之前，人们一直把有意为之的纪念碑当成与其肌体本身无关的其他东西的符号，并按照特定的符号意义进行处理。而且直到今天，对很多仍有强烈符号意义的纪念碑仍是如此，如对寺庙里的神像不断重塑金身。

三、无意为之的纪念碑和具有历史意义的纪念碑

李格尔认为，现代以来，人们看重和保护的主要是"无意为之的纪念碑"，即原本不是为了特定的纪念目的而建，后来才获得某种纪念意义的遗产对象。如长城和各种城墙，原本只是实用性的防御工事，如今却有了强烈的纪念意义，类似的还有历史村落、历史街区、历史城镇等。然而，无意为之的纪念碑也是个历史悠久的遗产概念。在古罗马晚期，人们已经将以前建造的高架渠当成帝国昔日辉煌的象征和纪念碑。湖南的岳阳楼原本只是个一般意义上的城楼，由于范仲淹等无数文人骚客登临、赋诗，就有了后天产生的纪念意义。直到今天，人们仍会自然地将某位名人出生、生活或光顾过的建筑或某个重要历史事件的发生地当成纪念性建筑或纪念地。像昆明的聂耳故居这样的纪念性建筑仍被人们当成"内圣外体"的符号性纪念碑。它们在人们心目中的核心意义并不在于建筑的本体，而在于一种与其无关的其他符号性标志，因此会由于更好地崇拜和纪念缘由得到剧烈的改头换面。

1790 年，法国学者奥班·路易·米林启用了一个新术语：具有历史意义的纪念碑（monument historique），即如今常常简称的历史古迹（historic monument）。这标志着 18 世纪末以来，建筑遗产界的核心保护对象从"内圣外体"纪念碑，即其"内圣"意义本质上与物质本体无关的有意为之或无意为之的纪念碑，转向了本质上与以往不同的本体"内圣"纪念碑。后者的物质本体作为认知过去种种史实的证据而引发的所有意义和价值成了新的"内圣"，从与"内圣"无关的"外体"转变成了与"内圣"不可分割的本体，成了建筑遗产的核心意义和价值所在。从此以后，当保护界谈到纪念碑时，通常仅指"本体内圣"性的历史纪念碑，即建筑遗产可以其物质本体的形式、材料、工艺和做法等反映过去的各种史实，如一堵明代砖墙反映了明代的砌筑方式、工艺水平等，而成了一种研究、认知、令人想起、纪念和彰显过去的历史纪念碑。如今绝大多数物质文化遗产处理原则，本质上都是基于这种新的历史纪念碑认识而形成的。这种纪念碑的意义不仅是后天形成的，是李格尔所说的无意为之的纪念碑，而且因其"内圣"仅仅源于物质本体，所以与以往相反，物质本体的保护成了建筑遗产保护中头等重要的事。

尽管人们也许会认为纪念碑只是一个空间规模和范围有限的单体概念，但历史纪念碑，或者说历史古迹的概念，本质上涵盖了一切不可移动的、具有物证史纪念碑意义的建筑遗产，它不仅包括单体建筑及城镇、村落，也适用于园林以及

后文所谈的文化地景。后文所述的一切按特定类型划分的不可移动物质文化遗产概念，无论所涉对象的规模如何，无论是一次性创建出来的，还是陆续累积出来的，无论构成元素如何多样、复杂，本质上都属于历史纪念碑，并因此受到相应的保护处理。

显然，与以往相当不同的是，建筑遗产的物质本体首先被视为艺术史、工艺史、建造史、文化史等的史实见证和证据，被当成纪念碑性的历史物证而受到相应的处理。这种纪念碑是与"内圣外体"的纪念碑截然不同的本体性纪念碑，其物质本体本身就是纪念碑，纪念的是其物质本体所能证明的一切。例如，一尊宋代遗存的佛像能反映宋代的造像观念、手法、艺术品好等，而非佛像本身的宗教崇拜意义。

以往的符号性纪念碑所具有的文化或社会意义，虽然常被人们视为"内圣"，但本质上外在于纪念碑，实际上是"外圣"。因为其意义需要与之相关的人通过口头或文字的方式一代代传递、保持下去，随着外在于纪念碑的人的变化、文化的变化，其意义也随之转变或消亡。相反，本体性纪念碑由于史实见证引发的种种意义内在于其物质本体，就像古埃及的神庙、墓葬以及三星堆的遗址，即便没有人们的口耳相传或文字记述，即便与它有文化关联的人或社会环境已完全消失，考古学家、历史学家依然能通过研究其本体本身揭示其所见证的史实，建构出某种历史，引入人们的意识，进而形成新的文化和社会意义。就此而言，这种本体性纪念碑也被人们视为无声的、无字的史书，不需要外在于遗产本体的口耳相传方式就能传递下去的史书。因此，monument 这个术语在现代的遗产语境里，尤其在意大利语里，其含义有时完全等同于某种记录、文献。

四、相互竞争与冲突的纪念性

值得注意的是，"本体内圣"纪念碑所证明的种种历史，也会发展出新的符号含义，使之同时被当成符号性纪念碑。例如，巴黎圣母院常被看成法国哥特建筑的代表作，从而形成了特定风格的典范符号；北京故宫由于庞大的规模、金碧辉煌的建筑，常被看成康乾盛世的典范符号。即便进入现代以来人们有了强烈的本体性纪念碑思想，仍可能根据此类符号含义对本体性纪念碑进行理想化的符号处理，即风格性修复。只是在本质上与那种必须靠口头或文字才能说明的符号意义截然不同的是，这种新的符号意义仍源于遗产本体所能说明的历史。

此外，尽管如今获得法定保护身份的纪念碑，或者说古迹，绝大多数基于它们的本体性历史见证意义，无论它们以前的符号意义如何，本质上是由于被当成本体性纪念碑才受到保护，但它们如今很可能仍承载着外在于本体的符号意义。最典型的就是那些由于建筑史、艺术史的演变证明作用获得法定保护身份，但仍作为宗教场所使用的佛寺。基于建筑史、艺术史的证明和纪念价值，这些佛寺中的建筑和佛像应尽可能保持不变，哪怕看起来已斑驳凋敝，不复往昔盛况。但基于佛教的符号性纪念价值，出于宗教崇拜或宣扬佛法的目的，此类建筑和佛像就需要不断改建、扩建、重塑金装。绝大多数宗教信徒并不在意这种处理是否会抹去几百年前的工艺和做法，使之失去了本体性历史纪念碑的意义与价值。

如今受法定保护的纪念碑往往承载着多重的纪念意义。同一建筑遗产不同的纪念意义所要求的处理往往相互竞争、相互冲突，并不那么兼容，甚至可能完全相反。这是建筑遗产干预者在面对这个建筑遗产时需要仔细分析、梳理的地方，尤其是当这个建筑遗产的不同纪念意义要求做出截然相悖的处理时，就需要某种抉择。

总的来说，建筑遗产本体可能引发或承载的各种意义，可以在某种程度上兼容任何与本体无关的符号意义。例如，一尊明代遗存的佛像，就算早已金装剥落，仍具有宗教崇拜意义，只是可能不那么满足特定文化群体如今的宗教崇拜需要罢了。但是，与建筑遗产本体无关的符号意义往往难以兼容各种本体性意义。例如，"富丽堂皇"的符号意义可能要求完全重绘建筑上的古代彩画，而并不在意那些彩画里的颜料颗粒甚至也有本体性的历史研究和认知意义。

第二节　文化遗产地与具有文化意义的遗产地

一、文化遗产地

我国学界常将 site 译为遗址，这使其容易被误认为仅指废墟性、考古性遗址。但正如 site 一词在建筑、规划和景观领域的常用用法那样，其本意只是一块场地、场所。在文化遗产领域，site 事实上泛指一切前人遗留下来，且具有某种遗产保护价值的有形区域。无论是历史上遗留下来的梯田、村落，还是街区、城镇均可称为 site。site 指的是各种文化遗产地，并不特指废墟性、考古性遗址。正因如此，有些中文文献也将 site 译成"历史场所；历史地段"。文化遗产地的地理范围可大可小，并无具体限制。文化遗产地的构成元素极其多样，既可能是主要由密集的建筑构成的区域，也可能是只有极少人工构筑元素、以自然元素为主的区域。只有在附加特殊限定词的情况下，才能将 site 理解成废墟（ruin）或单纯的考古遗址（archaeological site）。

1964 年通过的《威尼斯宪章》仅有两处提到 site，对其的描述是"具有历史意义的遗产地"（historic sites）和"由古迹构成的遗产地"（sites of monuments），定义仍比较狭窄。1972 年通过的《世界遗产公约》对 site 的定义有所扩大，将其定义为具有历史、美学、民族学或人类学价值的人类作品或自然和人共同创造出来的作品，以及包括考古遗址在内的各种区域。近几十年来，不断修编的《实施〈世界遗产公约〉操作指南》又提出了很多特定类型的不可移动物质文化遗产概念，如文化地景、历史城镇和城镇中心、遗产运河、遗产线路。这使人觉得这些遗产都是与纪念碑、文化遗产地完全不同的遗产类型。但需要指出的是，它们本质上仍属于纪念碑和文化遗产地，其概念主要源于不同的构成元素认识需要，不同的管理需要，只是对原有遗产概念的类型细化罢了。

二、具有文化意义的遗产地

在文化遗产领域，place 常被译为"地方；场所；纪念地；纪念场所"等。

20 世纪 70 年代，随着人文地理学和文化人类学的发展，对原住民遗产的重视日益提高，澳大利亚的遗产专家认识到该国原住民遗留的不可移动有形文化遗产只有极少量的，甚至没有人工构筑元素，而是以地理范围广泛、附带历史文化意义的自然元素为主。而且他们认为，无论 monument 还是 site，只重视单体建筑或物质遗产元素，忽视了与它们紧密关联的各种非物质遗产元素，不太重视各单体之间的关联，以及物质遗产与其自然或文化环境的关联。因此，主要为了适应澳大利亚界定并管理其独特遗产资源的需要，1979 年，国际古迹遗址理事会澳大利亚国家委员会在首次制定本国的《巴拉宪章》时，引入了 place 的概念，将处理对象统称为 places of cultural significance，并沿用至今，而且获得了越来越大的国际影响力。这个术语常被译为"具有文化意义的场所"或"具有文化意义的纪念地"，而按照《巴拉宪章》序言部分的解释，该术语事实上等同于"文化遗产地"

（cultural heritage places）。

根据《巴拉宪章》，文化遗产地指的是某个地理区域。它可能包括各种元素、物体、空间和景致，可能有各种物质和非物质维度。文化遗产地范围广泛，包括各种自然和文化元素，可大可小。例如，一个纪念碑，一棵树，一个单体建筑或建筑群，一个历史事件的发生地，一个城区或城镇，一个文化地景，一个园林，一个工厂，一艘沉船，一个带有各种原地保存遗存的遗产地，一个石阵，一条公路或交通路线，一个社区聚会地，一个具有各种精神或宗教联系的遗产地，都可以是文化遗产地。

在《巴拉宪章》里，文化意义（cultural significance）指的是对过去、如今或未来的世世代代而言的审美、历史、科学、社会或精神价值。文化意义既体现在遗产地本身中，即它的本体、用途、各种关联、意义和记录中，也体现在相关场所和相关对象中。遗产地对不同的个人或群体可能有一系列不同的价值。根据《巴拉宪章》的注释，其中的文化意义和文化遗产意义（cultural heritage significance）、文化遗产价值（cultural heritage value）是同义词，本质上没什么不同，仅是叫法不同。此外值得注意的是，《巴拉宪章》明确指出，文化意义可能随着时间和用途的变化而变化。新的信息可能改变人们对文化意义的理解。

总的来说，《巴拉宪章》里的文化遗产地虽然本质上与《威尼斯宪章》和《世界遗产公约》里的 site 一样，但避免了 site 一词可能引发的误导，扩展了对不可移动物质文化遗产的理解，更关注对文化遗产地的整体理解和整体保护，更强调人文地理学和文化人类学对遗产地的理解，即那些主要以自然元素为主的文化遗产地，为文化地景概念的兴起铺平了道路。这也使文化遗产界越来越多地开始用 place 这个含义更宽泛、更灵活、更有感情色彩的词。而且该词的兴起还与遗产界越来越重视的另两种遗产地品质有关。一是"场所灵魂"（soul of place），这种品质源于人们，尤其是遗产地的原住民对遗产地所有自然元素的超自然精神的理解，即认为遗产地万物有灵的理解。二是"地方感""场所感"（sense of place），尽管这种感觉看起来与前者差不多，但比前者更宽泛，不仅与万物有灵相关，而且涵盖了遗产地的各种活动，尤其是传统活动引发的对遗产地品质和个性的强烈感觉，因此在遗产界更常用。

第三节 文化地景

近年来，随着认识的发展，出现了一些新的遗产对象概念。有些概念的确使人们开始将以往完全没有认识到的遗产对象视为不可移动物质文化遗产，纳入保护范围；有些概念却是以往遗产对象的集成，将以往已经认识到的遗产对象根据某种新线索连接、整合为一种新的遗产类型，既包括以往已受保护的遗产对象，也包括新的衍生元素。值得注意的是，这些新的遗产概念或者类型，其范围有时相互重叠，很难划出明确的界限。例如，《实施〈世界遗产公约〉操作指南》里的遗产运河（heritage canal），既可以被当成单一的纪念碑性作品（monumental work），也可能是某种线性文化地景（linear cultural landscape）的决定性构成元素（defining feature），或某种复杂文化地景的有机组成部分。

一、文化地景的概念辨析和发展演变

我国遗产界常将 landscape 译成"景观"，应该说这是很不确切的，往往引发概念和实际操作上的误解。比如，人们常将《实施〈世界遗产公约〉操作指南》中的 cultural landscape 译成"文化景观"，使人们误以为其具有像元宵节灯会这样的传统习俗的表现，乃至上海里弄中的传统生活场景也是一种 cultural landscape。如果说后者指的是广义的文化景观，即某种具有文化意义的人类活动景象，那么 cultural landscape 实际上指的是狭义的文化地景，即以大自然为基底，附加了人类以往有形、无形的建构活动，从而使之有了某种历史文化意义，可被视为人类创作的大地艺术（land art）的不可移动景观，如梯田、葡萄园以及大范围的岩画等。

作为后缀，scape 本身已经意味着景观（a view or scene of），可以与各种词汇组合成有特定指向的名词，如海景（seascape）、月景（moonscape）、城市景观（cityscape）、街道景观（streetscape）、屋顶景观（roofscape）、声景（soundscape）等。在 scape 上加前缀 -land 并不意味着指任何景观，而是专指可视为自然或人工塑造出来的大地艺术景观。

德国地理学家奥托·施吕特尔在 20 世纪初首次正式提出文化地景的概念，开始将其作为一个学术术语。他将地景分为两种：一种是纯粹自然的洪荒

地景（primeval landscape），另一种是附加了人类文化创造的文化地景（cultural landscape）。在这个概念的发展和普及过程中，最有影响力的人物是美国人文地理学家卡尔·奥尔特温·索尔，他在 1925 年提出："文化地景是某个文化团体从一种自然地景中塑造出来的。文化是手段（agent），自然区域是基质（medium），文化地景是结果。"

1992 年，世界遗产委员会召集专家正式将那些在形式和意义上既非纯自然、又非纯人工的文化地景作为一种新的遗产概念和类型引入世界遗产体系。在《实施〈世界遗产公约〉操作指南》中，文化地景属于《世界遗产公约》中"文化遗产地"定义里的"自然和人共同创造出来的作品"。具体来说，文化地景见证了人类社会和居住地在自然环境的物理限制和（或）机遇的影响下的历时性演化，也见证了其外部和内部各种持续的社会、经济和文化力量。

二、文化地景的类型

《实施〈世界遗产公约〉操作指南》将文化地景分为三类，它们往往并不存在明确的界限，常常表现为以下两类乃至三类的结合。

（一）人类有意设计和创建出来的地景

人类有意设计和创建出来的地景是最容易被当成自然和人共同创作的文化地景，包括出于美学原因建造的园林（garden）和绿地地景（parkland landscape），典型的如捷克占地 200 平方千米的莱德尼采和瓦尔季采文化景观，它是欧洲较大的园林之一，是融合了多种风格的建筑和自然浪漫的乡野地景。这类文化地景虽然看起来与人们常说的园林绿地有一定的重叠，但由于文化地景有强烈的人文地理学背景，强调大范围地理、自然的限制和机遇因素，强调在这种情况下的人地互动，因此中小型的园林绿地并不能被视为文化地景。

（二）有机演化出来的地景

有机演化出来的地景指的是最初源于某种社会、经济、行政或宗教需要，通过与自然环境的联系或适应发展为现存形式的地景。其中包括死的地景，即遗迹性（或者说化石性）地景；活的地景，即仍在使用的持续性地景。前者如意大利的奇伦托和迪亚诺河谷国家公园，其遗产区包含众多时代的遗址，在三条东西向山脊上，分布着各种各样的宗教和世俗建筑遗迹，如链条一般，非常引人注目。

此外还有我国 2016 年列入世界文化遗产（以下简称"世遗"）的左江花山岩画文化地景，遗产区面积 6621.6 公顷，公元前 5 世纪到 2 世纪形成的 38 处岩画与周边的喀斯特地形、河流、台地地景有着紧密的依存关系。后者最常见的形式是各种仍在使用的农牧地景，如大范围的牧场、葡萄园、梯田等。典型的有以游牧文化为核心的匈牙利霍尔托巴吉国家公园，以烟草种植为核心的古巴比尼亚莱斯山谷，以葡萄种植为特征的法国圣艾米伦区，还有菲律宾科迪勒拉水稻梯田及我国的红河哈尼梯田文化地景等。

（三）关联性文化地景

关联性文化地景的历史文化价值在于某种文化为某个纯粹的自然对象所赋予的强有力的宗教、艺术或文化关联或者说联想。该自然对象上可能缺乏，甚至没有人类活动的遗迹，不可移动的物质文化遗迹在其中并不重要。如西藏的冈仁波齐峰，尽管不是世遗，却是典型的关联性文化地景。这座山峰被藏传佛教视为世界的中心，是藏传佛教十分重要的朝圣地之一。圣山、圣湖、圣水、圣泉、圣石等都是关联性文化地景，它们是一种特殊的纪念碑，一种通过人们的文化信仰和传播，通过口耳相传、文字或图像，在人们心中建构出来的文化纪念碑。1993 年，新西兰的汤加里罗国家公园是首个以文化地景的名义列入世遗的遗产。其核心区的群山对毛利土著有重要的文化和宗教意义，象征了毛利人与其所处自然环境的精神联系。

三、文化地景的解析和挑战

文化地景的概念无疑具有强烈的人文地理学色彩，强调人与自然环境的互动，尤其是上文提到的前两类文化地景，强调人类在自然条件限制下，尊重且充满智慧地改造自然，改造后仍能鲜明地反映地域化的地理特征。在文化地景中，自然地景不仅不可或缺，而且在构成形式和规模上还应占主导地位，因此以通常意义上的建筑为主体的遗产，即便其中也有树林、河流等自然成分，却无法被称为文化地景。也由于这个原因，在世遗体系里，尽管由国际古迹遗址理事会（ICOMOS）主导文化地景的评估，但仍需和世界自然保护联盟（IUCN）磋商。此外，虽然活的文化地景十分强调其中的传统活动，如水稻种植、葡萄栽培等，并将这些非物质文化遗产（以下简称"非遗"）视为此类文化地景不可或缺的构成元素，但保护的切入点，或者说"抓手"，仍是有形的物质本体，无论这种本体是自然对象，还是人工对象。

文化地景无疑包含浓重的非遗成分，但事实上已超出了传统意义的建筑遗产范围，似乎任何沾染了人类历史文化精神的自然场所都可被视为文化地景，从而也引发各国，尤其是发展中国家，开始利用非常宽泛的文化地景标准积极申报世遗。而且，与传统的建筑遗产不同的是，葡萄园、梯田此类活的文化地景需要不断的重演甚至演变，这对现代以来的物质文化遗产真实性认识及其处理标准和做法无疑是个重大挑战，是促使各国专家在 1994 年制定《奈良真实性文件》的主要原因。

第四节　历史城市地景

地景并非任何景观和景象，而是特指可被视为大地艺术的景观和景象。随着文化地景概念的兴起，人文地理和建筑遗产界的不少人认为以自然元素为主的文化地景概念过于狭窄，于是扩展出了一个新概念：具有历史意义的地景（historic landscape），简称历史地景，希望将其用于城镇和乡村中任何可被视为具有历史文化意义的大地艺术景观。

2005 年，由于一些特殊的契机，遗产界认识到历史上人地互动形成的具有历史文化意义的大地艺术景观正遭受着无情的威胁和破坏，首先提出了历史城市地景（historic urban landscape）的概念，从而正式将文化地景的概念扩展到了以人工构筑物为核心的文化遗产地。严格地说，无论是历史城市地景、历史城镇地景（historic town landscape）还是历史村落地景（historic village landscape），都不是一种遗产类型，而是对文化遗产地意义、价值和品质的一种新认识。由于其与上一节讨论的文化地景密切相关，因此值得延伸讨论。

一、历史城市地景概念的源起

2001 年，就在人类跨入新千年之际，维也纳历史中心（Historic Centre of Vienna）被列入世遗。与此同时，维也纳市政府在缓冲区东北侧，紧挨核心区的地方启动了维也纳多年来最大的再开发项目：维也纳中央车站。这是个庞大的综合体，包括火车站、办公楼、购物中心、餐饮娱乐区域以及东南侧的维也纳城市大厦，最初的规划高度最高达 97 米，与保护区内最高的建筑，同时也是维也纳地貌和精神中心的圣斯蒂芬大教堂仅相距 800 米。事实上，在维也纳历史中心被列入世遗时，世界遗产委员会就要求奥地利采取必要的措施重审该项目的高度和体量，不损害这个遗产地的视觉完整性。但维也纳此后反而加快了项目进度，于是在次年引发了世界遗产委员会的强烈不满和干预，甚至威胁要将刚刚列入世遗的维也纳历史中心除名，从而迫使维也纳市政府在 2003 年修改规划条件，重新组织设计，最终在 2005 年取消了 4 幢高层建筑中的 2 幢，另一幢的高度也降到了 70 米。而毗邻的城市大厦尽管高度更高，但由于当时几乎已经建成，只能迫使维也纳市政府承认："这是个城市规划错误——只能当成预防未来错误的坏典型。"

维也纳发生的事件绝非个别现象，正如《瓦莱塔原则》编写委员会主席埃尔薇拉·彼得龙切利所言："然而，最快速、最激烈的变化，以及全球化现代现实背景下强烈且特殊的现象，发生在过去十年里。"在我国也能强烈感受到这一点。在这种背景下，2005 年 5 月 12 日至 14 日，世界遗产委员会召集 55 个国家的 600 多位专家在维也纳召开了名为"世界遗产和当代建筑——管理历史名城景观"的国际会议，形成了《维也纳备忘录》，正式提出了历史城市地景及其保护的概念。紧接着，在 2005 年 5 月 21 日至 24 日，ICOMOS 下属的国际历史城镇与村庄委员会在伊斯坦布尔召开了年度工作会议，以"大都市地区历史中心保护科学研讨会"的名义对相关问题进行了后续讨论。

二、历史城市地景的实质和核心元素

在 2011 年颁布的《瓦莱塔原则》及其官方解释文章中，绝非偶然地同时出现了 landscape 和 townscape 这两个容易被中文读者混淆的术语。1999 年至 2008 年任 ICOMOS 主席的米夏优·佩策特在评论维也纳中央车站项目时说，维也纳市政府"只关心——尽管是以一种非常坚定的方式——townscape，即街道立面的保护，而不是整体有历史意义的本体。"人们从中可以明确看出 townscape 和 urban landscape 的含义差异极大。

至于《维也纳备忘录》中的历史城市地景，尽管其定义是"在自然和生态脉络中的任何建筑群、构筑物和开放空间的整体组合"，但实际上意味着历史城镇在大自然这块画布上塑造出来的大地艺术景观，由于反映了特定时期和地方对人工和自然环境关系的理解，以及对自然环境的利用和开发模式，从而有了值得保护的历史、文化、审美和生态意义。就此而言，历史城市地景主要体现为具有历史美学意义的城镇布局、形制、天际线、全景以及城区与其内外自然环境构成的整体美学关系。不从大地艺术景观的角度理解历史城市地景，就偏离了这一概念的实质。这就是《维也纳备忘录》第 11 条说其"关注的是当代开发对具有遗产意义的整体城市地景的影响，因此其中的历史城市地景概念超出了各种宪章和保护法中常用的'历史中心''建筑群''周边环境'等传统术语范围，涵盖了更广阔的区域和地景脉络"的原因。

在《维也纳备忘录》和《瓦莱塔原则》中，需要保护的大地艺术景观主要有三种：

第一种是城区内外的基础性自然环境，即在以城区为核心的大地艺术整体图景中作为自然背景的地景。历史城镇内外的地形、地貌和各种自然资源无疑是其开发、形成和演化的原发因素，并由于其与城镇的形成紧密关联而具有历史理解和审美意义。《瓦莱塔原则》序言部分所说的"地景作为共同基础的角色"，很大程度上限定了城镇具有历史文化特色的开发和演化模式。人们对历史城镇的总体理解往往也始于这种自然脉络，从而影响着感知、体验和欣赏这些地区的静态或动态方式。自然脉络和城区本身构成了不可分割的整体，因此对历史城镇的价值理解和保护必须置于这种具有生态、人文和美学意义的脉络之中。对历史城镇和城区的保护既意味着保护其建筑环境，也意味着保护其背景性的地景。正如玛利亚卢切·斯坦加内里在官方解释文章中所言："至关重要的是要将历史城市视为周边地景和生态系统的一部分。传统的历史城市保护方法通常只乐于研究形成历史城市的建筑和空间……但历史城市并不是特有的或自治的领域，而属于更大的环境（包括周边其他城市），并受制于这种脉络的品质。"

历史城镇周边的特色地景无疑是常被人们忽视的保护对象，意大利 1972 年制定的《修复宪章》已经认识到这一点，明确规定要保护"尤其是那些已经和我们所继承的各种历史结构紧密相关的、具有特殊意义和价值的地域环境"。这种地景既应包括历史城镇周边纯粹的自然环境，也应包括周边具有历史文化意义的土地开发模式，如农田、果园，以及意大利《修复宪章》明确说明的波河流域带有古罗马百亩法土地丈量和分配系统整治痕迹的地景。人们既很难想象在威尼斯周边的潟湖里填湖造地，开发高层酒店；也很难想象很多法国小城镇周边的葡萄园消失了，变成了高层住宅区。

第二种容易被人们忽视的历史城市地景是城镇建成区本身在特定时期、文化及自然环境中发展出来的形制或者说肌理性结构。这是一种具有历史意义的土地开发模式，任何地块的重组，尤其是将若干小地块合并成大地块，都可能导致团块变化，从而损害这种形制特色以及作为独特大地艺术的整体地景。

第三种更容易被人们忽视，受威胁和破坏最严重，直接导致《维也纳备忘录》《瓦莱塔原则》产生的历史城市地景，是反映城镇的特定历史发展模式，且与大地、天空等自然因素共同构成的各种全景和天际线。

这种独特的大地艺术景观直接影响着历史城镇的历史美学形象和意义的完整性、地道性以及审美性。正如斯坦加内里在解释《瓦莱塔原则》看重并反映的"感知历史空间的新方式"时所言："人们对历史城市的享受并不只聚焦于各种单体元素，而且常常指向一种全局性场景……具有历史意义的城市空间通常都基于在视觉上利用周边环境的自然情境：各种场景，突然看到的地区性全景，全景性的视点……"例如，意大利的圣吉米尼亚诺和西班牙的托莱多，都以其在几公里外就清晰可辨的独特全景闻名于世，而且在城镇制高点上的远眺景观也是其引人注目之处，我们很难想象在这种场景中突兀地出现现代建筑。

维也纳中央车站项目的问题就在于破坏了这种具有历史、文化和美学意义的城市地景，冲击了圣斯蒂芬大教堂主导的天际线。对这种大地艺术景观的破坏显然不仅发生在维也纳，也发生在伦敦、北京、上海等地。正如吴晗对梁思成说的那样："将来北京城到处建起高楼大厦，您这些牌坊、宫门在高楼包围下岂不都成了鸡笼、鸟舍，有什么文物鉴赏价值可言！"这里讨论的正是历史城市地景的核心问题。

三、没有结束的故事：解析和挑战

历史城市地景概念的提出承接并拓展了文化地景的思想，广泛适用于包括城市、村落在内的以人工营造环境为主的所有文化遗产地。这个概念一方面反映了人们对此类遗产地历史美学意义、价值和品质的深入认识，强调遗产地内外的脉络性地景，历史上的土地开发模式奠定的城乡建筑环境的形制和肌理关系——即常被人们忽视的城乡建筑环境的第五立面，以及作为大地艺术景观的全景和天际线。这些堪称大地艺术的地景元素都是历史和艺术纪念碑。另一方面，这个概念也反映了这种具有历史和艺术纪念碑性质的大地艺术景观正遭受不断侵蚀和破坏的严峻局面。2017 年，维也纳历史中心被联合国教科文组织列为濒危遗产，原因是维也纳屡次不顾警告，在遗产区内兴建的一组高层建筑将严重影响遗产区的历史地景。维也纳历史中心区里由上美景宫和下美景宫组成的美景宫（Belvedere），其名称原本是"美妙视野"的意思。为了这种设计意向，上美景宫特意选在地势较高的地方，北侧的大花园设计为朝老城缓慢下降、延展的形式。这一切都是为了在上美景宫北侧的大台阶和花园里能一览无余地远眺老城，而将来出现在人们视野尽头的将是剧烈改变历史天际线的一组现代风格的高层建筑，这无疑将是对"美景宫"这个名称的讽刺。

由于近年来世界各地开始广泛地将文化遗产地的再加工和再生产看成重要的经济、社会发展手段，历史城镇和城区中出现了服务于全球化经济的巨构建筑，改变着历史城市地景。在过去几十年中，出现了由所谓的"明星建筑师"创造标志性建筑作品的现象。这些建筑师出于自身的建筑创新目的，威胁并污染着既有的历史城镇景观，这种设计作品为了吸引眼球，走向了冲突或分裂，而不是和谐。然而，历史城镇通过上述过程被迫提升竞争力的事实，已经影响到它们的主要品质，比如身份认同、完整性和正宗地道性。而这些品质是使这些历史城镇成为文化遗产的基本元素，也是它们之所以受到保护的严格的先决条件。在行动至上主义的"大干快上"潮流中飞快改变的建筑的模样，让我们既失去了对过去的记忆，又失去了对未来的想象。

第五节　建筑遗产和文化线路

一、文化线路的特征

文化线路具有以下特征：①是一种线性或由线性交织而成的交流线路，可以是陆路、水路或其他形式。有明确的物理边界，有特定、明确、动态且具有历史意义的功能目的。有足够的长度和涉及范围，跨越不同的族群甚至国家、区域和大洲。有足够的持续时间，经过若干重要时代。②应源于并反映动态的交互运动，以及商品、思想、知识和价值观多维、持续且互惠的交流和对话。不管这种线路原本源于特定的宗教、商业、行政或其他目的，都应在不同方面多维地不断丰富和补充原有目的。③应促进在空间和时间上受其影响的各种文化的相互交融，并反映在它们的物质文化遗产和非物质文化遗产中。

二、文化线路概念的核心和价值

文化线路强调不同的族群、文化依托某种长距离线路的大范围相互交流和相互影响，基于某种交流线索将沿线的各种物质文化遗产和非物质文化遗产要素连接成一个整体，使那些意义和价值有限的遗产要素体现出更深远、更多样的意义和价值。文化线路的概念隐含了一种大于其各个部分的总和并赋予各个部分整体构成意义的整体性价值。

三、文化线路的具体表现

典型的文化线路有西班牙以天主教徒朝圣之路为核心的"法国圣地亚哥－德孔波斯特拉朝圣之路：法兰西之路和北西班牙之路"。由于相传耶稣十二门徒之一的圣雅各曾在西班牙的加利西亚传教并葬在圣地亚哥－德孔波斯特拉，因此该地从 9 世纪起成了欧洲天主教徒的重要朝圣目的地之一，形成了复杂的朝圣路网，带动了沿线的宗教和文化交流，并建起了众多相关建筑。因此，这个路网在西班牙境内的一部分在 1993 年被列入世遗，并在 2015 年加入了部分新发现的朝圣路网。这也是最早引发文化线路概念的案例。1998 年，"法国的圣地亚哥－德孔波斯特拉朝圣之路"也被列入世遗。国外的其他文化线路案例还有以色列公元前 3 世纪到公元 2 世纪以香料贸易为核心的"香料之路——内盖夫的沙漠城镇"，2005 年被列入世遗。

事实上，像 1996 年被列入世遗的法国南运河此类长期存在的长距离运河、铁路线往往也被视为某种文化线路。中国典型的文化线路有已经被列入世遗的大运河、丝绸之路：长安—天山廊道的路网，还有未被列入世遗的茶马古道等。

四、概念扩展

尽管文化线路概念提出时，有反映跨国甚至跨洲历史文化互动的初衷和理想，但由于多国联合申遗的困难，事实上世遗中的文化线路仍以单个国家内部的线路为主。相对 1994 年最初的理想，2008 年的《国际古迹遗址理事会（ICOMOS）文化线路宪章》扩展了文化线路的概念，文化线路可以是地域范围比较小的当地性线路，可以处于一个既定的文化区域内部，也可以是不再使用的线路。尽管在概念上，ICOMOS 定义的文化线路仍强调起码要有不同族群的文化互动，强调大尺度的宏观结构，但线路引发的线索思想可广泛用于各种尺度的遗产，有助于人们将各种有关联意义的建筑遗产或文化遗产地整合起来考虑，采取相应的连通措施，实现更广泛、更深刻的遗产意义。

第六节　古物和文物

一、古物与古董

古物是个非常古老的遗产用词，在我国也是如此。成书于 6 世纪初的《南齐书·孔稚珪传》写道："君性好古，故遗君古物"；隋代的《中说·周公》写道："邳公好古物，钟鼎什物，珪玺钱具，必具。"直到今天，不少国家和机构还用"古物"一词指称包括建筑在内的各种人类遗物。

虽然古物原本指的是古代，即西方意义上中世纪之前遗留下来的东西，但其时间界限在实际应用中往往被推到 1700 年之前，甚至距今 1000 年以前。由于古物的"古"源于古代或古老的含义，而"物"并不一定必须是人类遗物，因此各种古老的自然遗物，如动植物化石和纯粹的自然地景往往也被视为古物。比如，1906 年，根据当时刚刚生效的《美国古物法》，罗斯福指定的第一个美国国家纪念碑并不是人工营造出来的建筑，而是纯粹的自然地景：魔鬼塔。西方在 20 世纪之前成立的众多古物协会的研究对象，事实上涵盖了所有的古老遗物，无论是人工的，还是自然的，无论是可移动的，还是不可移动的。

1930 年颁布，1931 年生效，直到 1982 年才被《文化资产保存法》取代的《古物保存法》第一条开宗明义地规定："本法所称古物，指与考古学、历史学、古生物学及其他文化有关之一切古物而言。"其中的古物包含了像戴氏狼鳍鱼化石、鸭嘴龙化石这样的自然遗产，并且对《中华人民共和国文物保护法》也有实质性的影响。

antiques 通常只是个民间用语，常用来泛指一切有古老感且可移动的物件，即中国民间常说的"古董"。

二、文物

（一）文物的定义和范围

文物是我国特有的文化遗产对象概念，尽管《中华人民共和国文物保护法》

并未定义何为文物，但公认的是，文物指一切历史上遗存下来的，具有历史文化意义的不可移动和可移动有形人造物，相当于国际上所说的物质文化遗产。文物既不包括受 2011 年颁布的《中华人民共和国非物质文化遗产法》管理的非遗，也不包括各种自然遗产。

2017 年版的《中华人民共和国文物保护法》将文物分为五类：①具有历史、艺术、科学价值的古文化遗址、古墓葬、古建筑、石窟寺和石刻、壁画；②与重大历史事件、革命运动或者著名人物有关的以及具有重要纪念意义、教育意义或者史料价值的近现代重要史迹、实物、代表性建筑；③历史上各时代珍贵的艺术品、工艺美术品；④历史上各时代重要的文献资料以及具有历史、艺术、科学价值的手稿和图书资料等；⑤反映历史上各时代、各民族社会制度、社会生产、社会生活的代表性实物。

此外，还有一类遗产虽然性质上不属于文物，但同样受《中华人民共和国文物保护法》保护，即《中华人民共和国文物保护法》中所说的"具有科学价值的古脊椎动物化石和古人类化石"。

（二）文物概念的渊源

通常认为，"文物"二字连用首次出现在春秋晚期的《左传·桓公二年》："夫德，俭而有度，登降有数。文物以纪之，声明以发之，以临照百官，百官于是乎戒惧，而不敢易纪律。"原文说的是春秋晚期礼崩乐坏，连桓公这样的公侯，做事都没有规矩了。于是臧哀伯劝谏桓公，要他制定礼法规范并以身作则，以恢复统治阶层有序稳定的行为规范。为此，不同等级的用物必须采用不同等级象征意义的纹饰、色彩，此外还要用不同声响的乐器以及画有日、月、星不表示同明亮程度的旗帜标识礼法规范。类似的表述还有《后汉书·南匈奴列传》所言的"驰中郎之使，尽法度以临之。制衣裳，备文物，加玺绶之绶，正单于之名"以及杜甫的《行次昭陵》"文物多师古，朝廷半老儒"。这里的文物与如今物质文化遗产含义的文物相差甚远。

虽然唐代的颜师古在《等慈寺碑》提道："即倾许之人徒，收亡隋之文物"；宋代的文天祥在《跋诚斋〈锦江文稿〉》中提道："呜呼！庚申一变，瑞之文物煨烬十九。"但这里的文物是否意味着具有历史文化意义的遗物，仍是可疑的。

第三章　建筑遗产的价值

第一节　建筑遗产的价值要素

一、建筑遗产的内涵及对其价值认识的变迁

按照 1972 年联合国教育科学及文化组织（以下简称"联合国教科文组织"）颁布的《保护世界文化和自然遗产公约》第一条的界定，"文化遗产"中的反应指从历史、艺术或科学角度看，具有突出的普遍价值的文物、建筑群和遗址。1989年联合国教科文组织"中期规划"（1987 年—1992 年为第三个中期规划）更为明确地界定了文化遗产的范围，即"文化遗产"可以被定义为全人类过去由各种文化传承下来的所有物质符号的集合——不管是艺术性的还是象征性的。由此可见，联合国教科文组织在 21 世纪之前，对"文化遗产"的界定并没有明确涵盖非物质文化遗产（2003 年联合国教科文组织颁布《非物质文化遗产保护公约》，正式开启非物质文化遗产保护工作），其与广义的建筑遗产的内涵相近。

陈曦指出："建筑遗产概念的形成本身就有长时间的铺垫。有一些核心概念直接影响了它的形成，包括'纪念物''纪念性建筑''废墟''古建筑''历史建筑'等等。"20 世纪 60 年代之后，有关建筑遗产的范围持续扩展，无论是在类型、规模还是在创建与保护的时间间隔方面，都是如此。一般认为，文化遗产保护界明确使用"建筑遗产"这一提法的是 1975 年欧洲理事会通过的《建筑遗产欧洲宪章》。该宪章认为，建筑遗产不仅包含最重要的纪念性建筑，还包括那些位于城镇和特色村落中的次要建筑群及其自然和人工环境。这一界定扩大了建筑遗产的范围，使之与"纪念性建筑"的概念加以区分，即纪念性建筑只能代表一部分建筑遗产，不能涵盖建筑遗产范围的全部。1985 年，欧洲理事会在西班牙格拉纳达通过的《欧洲建筑遗产保护公约》（即《格拉纳达公约》)，更为明确地定义了建筑遗产。该公约认为，建筑遗产具体包括三个部分：第一，纪念物，具体指所有具有

突出的历史、考古、艺术、科学或技术价值的建筑物和构筑物，包括其附属物和辅助设施；第二，建筑群，指具有突出的历史、考古、艺术、科学、社会或技术价值的同类型的城市或乡村建筑组群，它们相互连贯，构成了地形上可定义的单位；第三，遗址或历史场所，即指具有突出的历史、考古、艺术、科学、社会或技术价值的人与自然结合的作品，具有足够的特色或同质性的景观而能够从地形上加以定义。这一界定实际上与《保护世界文化和自然遗产公约》对"文化遗产"的界定大体相似。

总体上说，可将建筑遗产界定为具有一定价值要素的有形的、不可移动的实物遗存，不仅包括文化纪念物、建筑群，也包括能够体现特定文化特征或历史事件的历史场所以及城市或乡村环境。英国城市规划学者纳撒尼尔·利奇菲尔德提出的文化建成遗产（CBH）概念，更为宽泛地界定了建筑遗产的内涵。他认为："CBH 涵盖了一系列相互独立的对象，诸如考古学上的遗址、古老的纪念性建筑、单个的建筑物或建筑群、街道以及联系一个群体的方式、建筑物周围的场所、单独耸立的塔或雕像等等，甚至还能扩展至本身具有遗产价值的整个地区，或者说，它们本身没有遗产价值，但因靠近具有遗产价值的地方而使其成为有重要意义的区域。"

对建筑遗产内涵的认识本身便突出了它所具有的价值属性。联合国教科文组织站在全球高度理解文化遗产，强调遗产的"突出的普遍价值"，欧洲理事会强调建筑遗产突出的历史、考古、艺术、科学、社会和技术价值。无论强调哪些价值，或者在何种程度上强调这些价值的重要性，只有那些具有一定价值要素的建筑遗产才值得保护，才具有保护的理由与合法性。

"一部人类文化遗产的保护史，其实也是对遗产价值的认识史。"在西方，受神学思维支配的古代社会以及中世纪，建筑遗产的价值主要与特定的宗教象征意义、崇拜和教谕功能、传递宗教记忆相关联，受到保护与修缮的建筑遗产往往是那些被视作神圣的遗物或神之居所之类的建筑遗产。中世纪天主教经历了 13 世纪末"阿维尼翁之囚"，罗马教廷几乎沦为法国君主的御用工具。后经历教会大分裂，教皇马丁五世于 1420 年光荣返回罗马，那些存留下来的罗马教廷遗址和古代纪念性建筑，如圣彼得大殿已然成为废墟。然而，它们作为信仰寄托物的精神膜拜价值却依然强大。正是在此意义上，弗朗索瓦丝·萧伊认为："我们可以说历史性纪念建筑约于 1420 年诞生于罗马。"因此，理解中世纪的纪念建筑这一概念，需要联系宗教语境。因为那时认为，没有宗教信仰寄托意义的建筑物是没有保存价值的。例如，位于意大利首都罗马市中心著名的古罗马斗兽场，在中世纪时其实并没有受到任何保护，它或被人们当成洞穴般的避难所，或干脆被用作碉堡，甚至在 15 世纪时，教廷将它的部分石料拆除后建造圣彼得大教堂和枢密院。

在对建筑遗产价值的认识方面，揭开现代欧洲历史序幕的文艺复兴时期，标志着一种重要的转变。这一时期除了给予建筑遗产的艺术价值以前所未有的重视外，尤为重要的是，开始形成一种新的历史观，即视历史的演变为一个有始有终的过程，认为"现代"是过去各个时代进步累积的结果。于是，人们生发出一种怀古情怀，重新欣赏古代的优秀遗产，这为建筑遗产保护奠定了强有力的思想基础。

16 至 19 世纪的欧洲，经历了启蒙时代与法国大革命的洗礼，由神学思维发展到现代社会的理性思维，开始用多种价值观来衡量、评估前人留下来的建筑遗产，并逐步确立了现代意义上的文化遗产概念。18 世纪法国大革命时期，一方面，基于摧毁封建专制制度的象征物和宗教象征物等各种不同的动机，大量历史建筑遭到破坏；另一方面，这一时期又强调作为"国家遗产"的纪念建筑主导性的国家价值，保护这些建筑遗产有助于强化具有思想凝聚意义的情感力量。有学者认为，大革命时期的法国，国家的价值是使得所有其他价值合法化的价值，通过使历史性纪念物经继承成为全体人民的财产，大革命的一些委员会给它们赋予一种主导性的国家的价值，并给予它们教育的、科学的、实用的新用途。此外，17 至 18 世纪欧洲还出现了源自绘画领域的"古色"或"古锈"和"如画"这两个重要的建筑遗产价值概念，是当时重要的美学发现。其中，"古色"指的是建筑遗产在漫长的时光侵蚀下呈现的变化痕迹所带来的一种特殊审美价值，"如画"同样指经历岁月磨砺之后，建筑遗产所呈现的介于优美与崇高之间的一种难以描述的审美特性。

19 世纪中后期，许多有关建筑遗产的价值观念更为理性化，获取详尽、客观的历史事实变成了价值追寻的重要目标，历史性建筑的修复开始被视为一种科学活动。从此，对建筑遗产文献价值、史料价值的推崇开始占据了建筑遗产保护的舞台，而且至今仍有着强大的影响力。这种观点的直接后果就是，人们认为只有那些具有历史证言性质的建筑遗产才是值得保护的，而且保护的首要任务就是保护历史证言的真实性。

19 世纪英国著名艺术批评家约翰·罗斯金在《建筑的七盏明灯》中，讴歌了建筑岁月价值的无比魅力及建筑承载过去记忆的重要功能。在此基础上，他明确提出了反干预的历史性修复观，强调必须绝对保持历史建筑的真实性。他认为，无论是公众，还是那些掌管公共纪念碑的人，都不能理解修复一词的真正含义。它意味着一座建筑最彻底的毁坏：在这场毁坏中，任何东西都没有留下，它总是伴随着对所毁事物的虚假描绘，那么就让我们不再谈论修复，这件事是个彻头彻尾的谎言。因而罗斯金主张，对历史建筑只能给予经常性的维护与适当照顾，而不可以去修复，因为经历时间洗礼的原始风貌难以再现，任何修复都不可能完全忠实于原物，甚至可能破坏建筑物的真实美德。即便历史建筑最终会消失，也应该坦然面对，与其自我欺骗地以虚假赝品替代，不如诚实地面对建筑的"生老病死"。罗斯金的历史建筑修复观，虽然有偏激和绝对化的一面，但是他对历史建筑绝对真实性的尊敬为欧洲后来的建筑保护哲学奠定了重要的价值基础。

重视建筑遗产历史真实性、客观性和完整性的价值观，在1931年希腊雅典召开的第一届历史性纪念物建筑师及技师国际会议上通过的《关于历史性纪念物修复的雅典宪章》得到确认。该宪章确立了"保养"胜于"修复"的历史建筑保护理念，尤其反对追求风格统一的修复观，提出应尊重过去的历史和艺术作品，不排斥任何一个特定时期的风格，尤其是应处理好建筑遗产与周边环境的关系，提升文物古迹的美学意义。三十多年后，作为对《关于历史性纪念物修复的雅典宪章》精神的细化与完善，在1964年第二届历史性纪念物建筑师及技师国际会议上通过的《国际古迹保护与修复宪章》（即《威尼斯宪章》）进一步强调和阐释了遗产的真实性与完整性价值。作为世界文化遗产界公认的最具权威性的纲领性文件，该宪章特别强调尊重建筑遗产的历史价值和艺术价值，提出传递真实性的全部信息是建筑遗产保护的基本职责，而保护与修复的基本目的则是"旨在把它们既作为历史见证，又作为艺术品予以保护"。在继承《威尼斯宪章》基本原则的基础上，国际古迹遗址理事会澳大利亚委员会于1979年通过、1999年修订的《巴拉宪章》，使用"文化意义"（或"文化重要性"）的概念来表述遗产的文化价值，即遗产的文化价值指的是对过去、现在和将来世代的人具有美学、历史、科学、社会或者精神方面的价值。《巴拉宪章》突出强调了遗产的文化价值，引领世界建筑遗产保护的基本价值观转向对文化价值的高度重视。1994年世界遗产委员会第18届会议通过的《奈良真实性文件》，其重要意义是强调文化多样性观念，将文化遗产的真实价值放在世界各地区、各民族及其不同的文脉关系下加以理解。

总之，对建筑遗产价值基础和价值要素的认识，是长期以来人类建筑保护历史进程演变的结果，是各种价值观念不断变迁与相互较量的结果。近几十年，建筑遗产保护工作呈现良好的发展态势。随着遗产价值观念的变化，建筑遗产保护对象的范围也不断扩展，折射出建筑遗产保护价值观的变迁。

需要补充说明的是，以上对建筑遗产价值认识变迁的简要梳理，主要基于欧洲的遗产保护理念和重要的遗产保护国际宪章。从中国建筑遗产保护研究的历史来看，学界一般认为可从朱启钤1930年发起成立的我国第一家从事中国古代建筑调查、研究和保护工作的学术机构——中国营造学社算起。总体上说，近代中国建筑遗产保护思想一方面明显地反映出同时期国际上文物保护思想的影响，另一方面又显现出中国传统建筑思想和社会价值观的烙印，并至今一直影响着中国文化遗产保护。

论及近代中国建筑遗产保护思想，以梁思成的学术贡献最为突出。尤其是针对北京的建筑遗产保护，梁思成在《北平文物必须整理与保存》一文中，不仅以北京的"故都文物整理工程"为例，阐述了文物建筑与城市发展的关系，更重要的是，强调了文物建筑的历史价值、艺术价值，尤其是精神价值。

二、多重价值呈现：建筑遗产的价值要素

国际建筑遗产保护界著名学者尤嘎·尤基莱托曾说："现代遗产保护中的主要问题是价值问题，价值的概念本身就经历了一系列的变化。"虽然每个时代对建筑遗产价值要素、价值类型的强调各有侧重，但总的说来建筑遗产呈现出多重性、多元化的价值要素，尤其是当代国际遗产界对建筑遗产价值认识已有了多方面扩展，这是不争的事实。

从我国建筑遗产保护的理论、法规与实践来看，取得共识的是1982年颁布的《中华人民共和国文物保护法》和2000年由中国国家文物局与美国盖蒂保护所、澳大利亚遗产委员会合作编制的《中国文物古迹保护准则》中确立的"三大价值"，即历史价值、艺术价值和科学价值。2015年修订版《中国文物古迹保护准则》，关于价值认识方面，在强调原"三大价值"的基础上，增加了文物的社会价值和文化价值，确立了"五大价值"说，对建筑遗产价值的认识有了更全面的理解与概括。

综合上述观点，笔者认为，建筑遗产的价值要素构成可确立为历史价值、艺

术价值、科学价值、情感价值和经济价值"五大价值"。其中，本书所提的情感价值是一个广义的概念，它兼容了社会价值和精神价值。因此，本节主要阐述建筑遗产的历史价值要素、艺术价值要素、科学价值要素和经济价值要素。

（一）"石头的史书"：建筑遗产的历史价值要素

从语源学上看，无论中西，"遗产"的本义大多是指过世的先辈留给后代子孙的东西。汉语文献中"遗产"始见于《后汉书·宣张二王杜郭吴承郑赵列传》，有"丹出典州郡，入为三公，而家无遗产，子孙困匮"。法语 patrimoine（遗产）这个词的最初含义是指从父辈和祖辈继承下来再转交给后辈的东西，包括房屋、土地、家族的姓氏、头衔等等。后来，遗产的概念逐渐从家族领域扩大到整个社会系统，更宽泛地说，遗产就是人类历史上遗留下来的物质财富与精神财富。可见，从遗产的基本意义上看，以时间性要素为前提的历史价值是遗产固有的"存在价值"，时间属性对于建筑遗产价值的高低至关重要，如陈志华所言："文物建筑的主要价值在于它携带着从它诞生时起整个存在过程中所获得的历史信息，也就是说，在于它是历史的实物见证。"同时，时间属性也是构成建筑遗产衍生价值的重要变量。"只有历经几个世纪沧桑之变，熏黑的横梁上留下了历史的印记之后，这个古迹才会令人肃然起敬。"法国作家夏多布里昂说的这句话不无道理。

作为"石头的史书"，建筑遗产的历史价值相比于其他非物质文化遗产而言，其独特性在于它可以通过实体形态直观地呈现和"记录"曾经流逝的岁月印记，以延续我们对历史的记忆，有助于我们较为直观地理解过去与当代生活之间的联系。没有物质性表征的记忆往往是抽象的，建筑遗产作为存储和见证历史的具象符号，借由时间向度的历史叙述，突显了建筑所具有的不可替代的集体记忆功能。对此，约翰·罗斯金曾感叹："没有建筑，我们就会失去记忆，和活的民族所写的及纯洁的大理石所承载的相比，历史是多么冷酷，一切图像又是多么毫无生气！——有了几个相互叠加的石头，我们可以扔掉多少页令人怀疑的记录！"罗斯金的感叹不仅道出了建筑的记忆功能，而且说明了建筑所记录的历史往往比文字更加真实。

例如，始建于明成祖永乐四年（1406 年）的北京故宫，历经六百多年风雨，依然屹立于北京中轴线的中心，明清两个朝代二十四位皇帝在此兴盛一时又消失如烟，只有这座宫殿建筑群岿然不动，见证沧桑历史，并以其巍峨壮丽的气势和严谨对称的空间格局展现着昔日帝王的九鼎之尊。站在故宫太和门前，北望太和殿，南望午门，这时候你对封建专制制度的理解，岂是自哪本书里能读到的？

又如，北京八达岭长城作为至今为止保护最好、最著名的一段明代长城，自古即为兵家必争之地。历史上许多重大事件曾聚焦八达岭，如秦始皇东临碣石后，自八达岭取道大同，驾返咸阳；辽国萧太后巡幸、元太祖入关、元朝皇帝往返北京与上都间、明代帝王北伐等，八达岭均为必经之地。近代以来，詹天佑在八达岭主导了中国人自行设计和建造的第一条铁路——京张铁路。

建筑遗产保护理论中，与历史价值紧密相关的一个价值要素是"年代价值"或"岁月价值"。明确提出"年代价值"概念并将其与历史价值区分的是奥地利艺术史家阿洛伊斯·李格尔。他在《对文物的现代崇拜：其特点与起源》一文中，详细阐述了文物的多重价值要素。李格尔首先将文物的价值要素划分为两大类型，即纪念性价值与现今的价值。其中，纪念性价值包括历史价值、年代价值和有意为之的纪念性价值。李格尔认为，研究纪念性价值必须从年代价值着手。纪念性价值指的是文物让人第一眼就感受到它所显露出的过去的古老特质。一件文物的年代外观立即就透露出了它的年代价值，年代价值要求对大众具有吸引力，它不完整，残缺不全，它的形状与色彩已分化，这些确立了年代价值和现代新的人造物的特性之间的对立。关于文物的历史价值，李格尔认为，它产生于某一领域中文物所代表的人类活动发展中的一个特殊阶段，一件文物原先的状态越是真实可信地保存下来，它的历史价值就越大：解体与衰败损害着它的历史价值。由此可见，年代价值主要来自建筑遗产的岁月痕迹，是时间流逝所衍生的一种价值，本质上是审美性的情感价值，不需要联系建筑遗产本身的历史重要性、真实性来衡量。但是，对历史价值的判断，则要求其能够真实可信地代表过去某个特定的历史事件、历史瞬间或历史阶段，尤其强调其所体现的历史真实性。

回溯人类对建筑遗产价值认识的变迁史，毫无疑问，不可替代的历史价值一直是保护建筑遗产的基本理由。陈志华谈到北京古城保护时曾说："一座古建筑、一片老街区，或者老北京城的保与不保，不决定于它是不是破烂，也不决定于它的居民的生活状态，而决定于它的历史文化价值。"陈志华的意思并非不关心老城居民的生活水平，而是强调由于建筑遗产历史价值的宝贵性和不可再生性，我们不能借由旧城改造、改善居民生活环境的名义而破坏建筑遗产。

（二）"艺术的丰碑"：建筑遗产的艺术价值要素

几乎在所有建筑遗产保护的国际宪章、法规和相关文件中，除了遗产的历史价值外，被反复强调的一个价值要素便是艺术价值。早在 1890 年，意大利罗马就成立了文物古迹艺术委员会。该委员会将文物古迹定义为："任何建筑物，无论是公共财产还是私有财产，无论始建于任何时代；或者任何遗址，只要它具有明显的重要艺术特征，或存储了重要的历史信息，就属于古迹范畴。"

艺术价值同历史价值一样，是建筑遗产的核心价值，对于判定建筑遗产价值的高低至关重要。无论从艺术起源的角度，还是艺术功能的角度，建筑确凿无疑的是一种艺术的类型，而且它在"艺术大家庭"中还扮演着不同凡响的角色。按照黑格尔的观点："之所以我们在这里在各门艺术的体系之中首先挑选建筑来讨论，这不仅是因为建筑按照它的概念（本质）就理应首先讨论，还因为就存在或出现的次第来说，建筑也是一门最早的艺术。"作为一种艺术的建筑，具有艺术价值，似乎是很自然的事情。实际上，建筑遗产保护中的艺术价值，主要是指遗产本身的品质特性（主要是视觉品质）是否呈现一种明显的、重要的艺术特征，即能否充分利用一定时期的艺术规律，较为典型地反映一定时期的建筑艺术风格和审美趣味，并且在艺术效果上具有一定的审美感染力。奥地利学者弗拉德列认为，建筑遗产的艺术价值包括三个方面，即艺术历史的价值（最初形态的概念、最初形态的复原等）、艺术质量价值和艺术作品本身的价值（包括古迹自身建筑形态的直接作用和与古迹相关的艺术作品的间接作用）。

从宽泛意义上说，与艺术价值要素相关联的一个概念，是所谓的美学价值或审美价值，不少学者在表述建筑遗产的艺术价值时主要指的是美学价值或审美价值。作为一种造型艺术的建筑，往往通过点、线、色、形等形式元素以及对称与均衡、比例与尺度、节奏与韵律等结构法则，使人产生美感，并使建筑达到或崇高，或壮美，或庄严，或宁静，或优雅的审美质量，这便是建筑所体现出的美学价值。戴维·思罗斯比认为，遗产的审美价值主要是指遗产所具有的美感、和谐、外形及其他美学特征。俄罗斯建筑保护专家阿列克·伊万诺维奇·普鲁金认为，建筑遗产的美学价值指的是建筑或建筑群落其自身确定的形态反映其建筑风格或建筑时期，这种确定的形态指的是建筑结构方面的、装饰细部方面的，或者是区别于别的建筑的独特建筑品质，属于世界或本民族范围内的建筑古迹。

建筑遗产的美学价值具有历史性和地域性，即它必定要反映特定时代的审美趣味或典型风格，同时必定是特定民族和地域文化审美特征的重要构成。例如，从北京天安门广场鸟瞰图中，我们可以明显看到体现不同时代典型风格和审美趣味的建筑遗产。作为明清皇城正门的天安门及它所开启的紫禁城，是中国宫殿建筑艺术的集大成者与最高水平的代表，如同浩瀚的"宫殿之海"，鲜明体现了中国传统建筑群体组合多样性统一的审美特点；而位于广场西侧的人民大会堂、广场东侧的中国国家博物馆（原中国历史博物馆和中国革命博物馆）同属于首批中国20世纪建筑遗产，两座建筑造型相似、体量相当、相互对称。在当时党中央制定的"中外古今，一切精华皆为我用"的方针基础上，都采用了类似折中主义的古典建筑风格，将20世纪30年代传入中国的西方"布杂艺术"（Beaux-Arts）、苏联新古典主义纪念建筑风格和中国传统风格三者融合在一起，建筑风格雄伟明朗、简洁大方，既有民族特色，又反映了鲜明的时代印记。

　　尤其要强调的是，理解和评估建筑遗产的美学价值不能将建筑遗产从其现实环境中孤立出来，还应考虑其周围的环境与氛围。只有两者和谐时，才能共同呈现出更高的美学价值。因为建筑与其他艺术类型相比，具有强烈的环境归属性，好比太和殿只有在紫禁城的庄严氛围中才有价值，祈年殿也只有在松柏浓郁的天坛环境中才有生命。绘画、雕塑作品可以自由流动，不受空间环境限制，且空间环境的变化不改变或损害作品的审美特征。但建筑却不同，它总要扎根于具体的环境，成为当地的一个部分，并构成环境的重要特征。艾伦·卡尔松曾说："对每座建筑、每种城市风景或景观，我们都必须根据存在于建筑物内部以及该建筑物与其更大环境之间的功能适应关系欣赏，不能做到这一点，便会失去许多审美趣味与价值。"

（三）"科技之凝结"：建筑遗产的科学价值要素

　　科学价值同历史价值、艺术价值一样，是有关建筑遗产保护的宪章、准则和相关文件中普遍强调的重要价值要素。1931年颁布的《关于历史性纪念物修复的雅典宪章》不仅重视提升文物的美学意义，也强调了保护历史性纪念物的历史和科学价值。我国的建筑遗产保护工作一贯重视建筑遗产的科学价值。1982年颁布的《中华人民共和国文物保护法》和2000年通过的《中国文物古迹保护准则》都明确提及了文物古迹的价值包括科学价值。

　　建筑遗产的科学价值，主要指的是建筑遗产中所蕴含的科学技术信息。不同时代的建筑遗产在一定程度上代表并体现着当时那个时代的技术理念、建造方式、结构技术、建筑材料和施工工艺，进而反映当时的生产力水平，成为人们了解与认识建筑科学与技术史的物质见证，对科学研究具有重要的意义。在此意义上，《巴拉宪章操作指南：文化意义》中指出，科学价值指的是一个地点的科学或研究价值将取决于有关资料的重要性、稀缺性、品质或代表性，以及它可能贡献出更深层次的实质性信息的程度。建筑遗产的科学价值不同于其历史价值与艺术价值，它需要专业的科学性评估与辨识，除了从建筑遗产的设计及相关技术、结构、功能、工艺等方面作出判断外，还需要从遗产所处的社会背景及当时的技术标准方面进行衡量，以判断其先进性、合理性和重要性。

以中国传统建筑遗产为例，中国古代建筑的木构架结构体系在世界建筑文化史上独树一帜。如梁思成所言："满足于木材之沿用，达数千年；顺序发展木造精到之方法。"中国古代木构架有抬梁、穿斗和井干三种结构方式，其中抬梁式架构最为重要。《营造法式》大木作部分主要讲的是这种架构，它主要运用于宫殿、坛庙、寺院等大型建筑物，更为皇家建筑群所选，是汉族木构架建筑的代表。中国古代建筑木构架结构体系中，斗拱技术是古代建筑技术的独特创造，它使中国古代木构建筑不用一颗钉子而所支撑的大殿屹立不倒。斗拱组织也是中国古代演变最为明显、等级标识和建筑审美艺术突出的建筑技术。斗拱最初是柱与屋面之间的承重构件，起着承托、悬挑、拉结等结构功能。在斗拱的历时性演变过程中，将其力学结构的实用功能赋予了礼仪的或伦理的功能。现存山西五台山佛光寺大殿是唐代殿堂型构架唯一遗例，也是认知和理解斗拱与梁柱的复合组合技术的最早范例。

由于国家主持的皇家建筑往往集中了当时最先进的建造技术，因此作为元明清三代都城的北京，有着得天独厚的大型木架构建筑遗产，是我们认识中国古代建筑科技和进行相关专业研究的重要实物资料。例如，作为中国古代宗法制度的物化象征，早期的宗庙没有一座留存至今，我们今天能看到的最早的宗庙就是位于北京天安门广场东北侧的太庙，它是明清两代皇帝祭奠祖先的家庙。太庙始建于明永乐十八年（1420年），占地200余亩，根据中国古代"敬天法祖"的传统礼制而建造。其中，太庙前殿是皇帝敬祖行礼的地方，面阔原为9间，清改为11间，进深4架，屋顶为最高等级的重檐庑殿顶，并坐落在用汉白玉石栏环绕的三层台基上。梁思成说："考今太庙诸建筑，独戟门斗拱比例最宏，角柱且微有生起；前殿东西庑柱且卷杀，作梭柱，当均为永乐原构。"可见，太庙虽经清代改建，但其木石部分大体保持原构，具有重要的科技信息价值。

重建于明末及清初的北京故宫外朝三大殿太和、中和、保和三殿，是帝王举行重大典礼、处理国家政务的地方，建筑等级最高，气势最宏大，且是中国古代宫殿建筑技术最高水平的实物见证。其中，太和殿是我国现存最大的木构殿宇，屋顶式样为等级品位最高的重檐庑殿式。间架等级最初为五间九架，在清康熙八年（公元 1669 年）改建时，筑为五间十一架，它在许多方面都可以看作我国历代宫廷建筑之成功经验的总汇。保和殿的珍贵性体现在今北京故宫主要殿宇中唯有它现存的主体梁架仍为明代建筑。建筑结构采用"减柱造"的特殊法式，减去了殿内前檐六根金柱，使殿前廊和殿内空间更为开阔。

其实，从更广的视角看，建筑遗产所蕴含的科学技术信息，不过是建筑遗产所携带的历史信息的一部分，对建筑遗产科学价值的理解必须联系其历史价值，因而科学价值实质上是历史价值的一种具体表现。

（四）"特殊的资本"：建筑遗产的经济价值要素

建筑遗产的历史价值、艺术价值、科学价值、情感价值等价值要素，按照戴维·思罗斯比等学者的观点，可统称为建筑遗产的绝对价值或内在价值，它们独立于任何买卖交换关系，是建筑遗产本身所具有的自然的或可以重现的价值要素。简言之，这些价值不需要与其他价值的联系或促进其他价值的生成而显示其重要性。显然，像建筑遗产的经济价值、利用价值这类价值要素，本质上不属于建筑遗产固有的内在价值，而是一种衍生性价值，即只有当建筑遗产存在历史价值、艺术价值等文化价值时，才能衍生其经济价值。历史建筑可能体现了"纯"文化价值，同时作为一项资产还因为其物质内容和文化内容而具有经济价值。例如，正是因为建筑遗产的艺术价值、历史价值，才让人们愿意付费购票参观。

其实，早在 18 世纪的欧洲，建筑遗产的经济价值就以一种特别的方式得以显现。这种特别的方式就是作为一个受过良好教育的绅士或欧洲贵族子弟的必修课——壮游，在长达数月甚至数年的旅行中，参观和研究古罗马的废墟等建筑遗产是其重要内容。因此，在壮游盛行期间，几乎所有的文献都表明了历史性纪念建筑吸引外国参观者的价值：尼姆的竞技场及加德桥带给法国的财富或许要超过古罗马人建造时付出的代价。可见，基于文化旅游的建筑遗产的经济价值至少在 18 世纪的欧洲就得到一定程度的彰显。

关于如何理解建筑遗产的经济价值要素，荷兰学者瑞基格洛克认为，建筑遗产保护应是一项合理的投资，他将文化遗产的经济价值分为三个方面，即住房舒适价值、娱乐休闲价值和遗赠价值。其中，住房舒适价值依据享乐价格法（HPM）加以评估，娱乐休闲价值和遗赠价值则根据条件价值评估法（CVM）加以评估。他得出的基本结论是：建筑物及其周围环境的历史特征占该建筑物价值的近15%。埃及文化遗产保护专家、亚历山大图书馆馆长伊斯迈尔·萨瓦格丁对建筑遗产的经济价值进行了更为细致的界定。他将建筑遗产总的经济价值划分为使用价值与非使用价值，而在使用价值与非使用价值之间存在一个选择价值。萨瓦格丁对文化遗产经济价值要素的理解颇为宽泛，不仅包括由建筑遗产之使用而直接产生或间接产生的收益，如居住、商业、旅游、休闲、娱乐等直接收益和社区形象、环境质量、美学质量等间接效益，以及未来的直接或间接收益，还涵盖了存在价值、遗赠价值等非使用价值。兰德尔·梅森的观点与萨瓦格丁的观点较为类似，他在盖蒂保护中心出版的《文化遗产的价值评估》研究报告中，将文化遗产的经济价值分为两大类，即使用价值或市场价值与非使用价值或非市场价值两大类。其中，建筑遗产的使用价值指的是在市场中可交易、可定价的商品与服务，如一个历史遗址的门票收入、土地收益费用和员工的工资。建筑遗产的非使用价值指的是不能由市场交易而获得的经济价值，因此很难用价格来衡量。这类价值要素具体可分为存在价值、选择价值及遗赠价值。其中，存在价值指个人仅看重的是遗产存在本身，即使他们自己可能没有亲身体验或直接消费其服务；选择价值指某人希望在未来某段时间内，保留他或她有可能会利用遗产的可能性（选择）；而遗赠价值则源于将遗产这一资产遗赠给子孙后代的愿望。其实，严格说来，萨瓦格丁和梅森所说的非使用价值属于建筑遗产广义的文化价值，建筑遗产的经济价值主要应指其直接的使用价值或利用价值。

过去的建筑遗产保护国际宪章和国内法规很少涉及经济价值。从相关国际宪章来看，只有《建筑遗产欧洲宪章》较为明确地提出了建筑遗产的经济价值，指出建筑遗产是一种具有精神、文化、社会和经济价值的不可替代的资本，它远非一件奢侈品，而是一种经济财富。我国的文物保护法律法规没有明确提及经济价值。在建筑遗产保护理论研究方面，过去极少研究经济价值，认为保护工作耻于言利，似乎一涉经济就玷污了保护这一神圣使命。但是，实际保护工作中的各个环节都离不开市场经济这一只无形而又无所不在的手。实际上，完全否认或忽视建筑遗产的经济价值既不现实，也不利于建筑遗产的可持续保护与再利用。

当代建筑遗产保护运动的发展，一个非常重要的价值拓展，便是对建筑遗产的价值认识从内在价值走向内在价值与外在价值（或者绝对价值与相对价值）相结合的综合价值观，即将建筑遗产不仅视为一种历史和文化见证的珍贵文物，还视为一种促进经济与文化发展的文化资源和特殊的文化资本，从而将建筑遗产的文化价值与经济价值紧密联系在一起。经济价值虽然在建构一个地方的文化意义时，很少被专业人士认为是真正的建筑遗产价值，但是常常被用来作为保护的理由，尤其对地方政府而言。对于今天的社会而言，促使建筑遗产在其文化价值与经济价值的发挥之间良性互动，对于让民间力量在建筑遗产保护中发挥更大的作用至关重要。

第二节　建筑遗产的情感价值

一、认同感：建筑遗产情感价值的基本内涵

关于建筑遗产的情感价值，国内外一些学者展开过相关讨论。曾任国际古迹遗址理事会英国委员会主席的伯纳德·费尔登在著作《历史建筑保护》中，提出了历史建筑的情感价值问题。在一开篇对历史建筑的界定中，费尔登就表达了对情感价值的重视，他指出："简言之，历史建筑就是一个能给予我们惊奇的感觉，并令我们想去了解更多有关创造它的人们与文化的建筑物。它具有建筑艺术的、美学的、历史的、记录性的、考古学的、经济的、社会的，甚至政治的、精神的或象征性的价值，但历史建筑最初给我们的冲击总是情感上的，因为它是我们文化认同感和连续性的象征——我们遗产的一部分。"

费尔登将历史建筑的价值主要划分为三种类型：第一，情感价值；第二，文化价值；第三，使用价值。其中情感价值内涵包括：①惊奇；②认同感；③延续性；④精神和象征价值。费尔登没有将历史建筑的社会价值单独列出来，因为他认为社会价值就是一种情感价值，与对一个地方或一个群体的归属感相关。实际上，一些将社会价值列为单独价值类型的学者，主要是强调建筑遗产与社群情感的联系，与形成身份意识、文化认同感和归属感相关联，属于建立在一个地区、社区或一个群体的集体记忆和共同情感体验基础上的价值类型。

阿列克·伊万诺维奇·普鲁金所建构的建筑遗产价值及其评价体系，将建筑遗产的艺术价值与情感价值综合，提出了艺术情感的价值类型。所谓艺术情感的价值，在普鲁金看来，既涵盖艺术价值又包含情感价值，是在其自身的建筑形象中具有艺术的因素，对于人们的情感接受有着正面的影响作用。他认为，古建筑及古建筑群从整体有益于人的心理，呼应于人的情感作用标准。可见，普鲁金对遗产情感价值的理解，偏重于古建筑对人潜移默化的情感陶冶作用，严格意义上说属于建筑遗产的教化价值。

林源在《中国建筑遗产保护基础理论》一书中，将建筑遗产的价值构成归纳为信息价值、情感与象征价值及利用价值三个方面。林源将情感价值与象征价值联系起来理解，认为情感与象征价值是指建筑遗产能够满足当今社会人们的情感需求，并具有某种特定的或普遍性的精神象征意义。他认为，情感与象征价值具体包含文化认同感、国家和民族归属感、历史延续感、精神象征性、记忆载体等价值要素，核心是文化认同作用。

华裔人文主义地理学家段义孚虽然没有专门探讨建筑遗产的保护问题，但在讨论"时间与地方"这一主题时，涉及保存历史建筑的原则，他以个体生命历程为参照的方法路径颇有启示意义。他说："让我们先来看一个人的生命，然后再讨论城市的生命。人生活在同一屋里若干年，当他五十岁的时候，这屋子已经由于繁忙生活的累积而非常杂乱，屋子里的东西会使他的过去有舒服的时刻，但有些却必须丢弃，因为它们现在和未来都妨碍屋子里的通道，所以他丢弃大部分而保留对他而言有价值的。"什么是对他有价值的？他由此提出"保存的热情依能支持认同感的需求程度而升温"的观点，实际上确认了建筑遗产保护的重要情感价值——强化认同感。

美国著名规划理论家凯文·林奇同样没有系统讨论建筑遗产保护的价值问题，但在探讨城市发展与地点和时间的关系时，涉及对过往遗迹的保护问题。他同样将视角集中到了情感归属层面。他认为，虽然本地居民对城市中有历史意义的地点和建筑遗产似乎不大光顾，但是一旦这些地方面临被毁掉的危险，他们便会有强烈的情感反应，因为这些地方的存在让他们有一种稳定感和延续感，他们不希望这种安全感被打破。例如，2007 年，香港政府拆除维多利亚港的地标建筑天星码头时，之所以引起了巨大民愤甚至导致示威冲突，主要在于天星码头时，及钟楼曾是当地人民的集体回忆之一，他们对旧码头有割舍不掉的情感。而正是因为此次事件，促使香港民政事务局开始反省原来的文物建筑保护政策，研究把"集体回忆""社会价值"这些情感价值加入文物评级指标，并重新审视1500年间具有以上两种因素的历史建筑。

上述学者在对建筑遗产的价值认识和评价中，都关注到了情感价值要素，比较一致的观点是强调建筑遗产带给人们认同感、归属感这一重要的情感价值。今天，虽然世界建筑遗产保护的基本价值观转向对文化价值的高度重视，但对文化价值这一极具综合性概念的理解，往往偏重从社会、国家、地域层面对文化重要性的认识，忽略生活其间的个体的文化需求和归属感，并不能涵盖情感价值所具有的丰富内涵。

二、作为一种场所感的乡愁

目前建筑遗产保护价值理论总体上都忽略对作为个体的"人"的情感需求。"何人不起故园情"，之所以我们感到"残山梦最真，旧境丢难掉"，是因为扎根于人们心灵深处的对老建筑的情感价值难以割舍。随着城市建设日新月异，一个个熟悉的环境变得陌生，随着城市空间越来越"千城一面"，失去地方特色，人们对老城、老建筑、老街区的珍惜和依恋之情反而日益增强。这种情感价值用一个富有审美意蕴的词来表达就是乡愁，也可以说，乡愁是建筑遗产的一种独特的情感价值。

乡愁表现于人的情感层面，首先是一种场所感。场所感既是建筑现象学和环境美学范畴中的一个重要概念，也是人文地理学研究的中心话题之一。它是在人与具体的生活环境，尤其是建筑环境，建立起的一种复杂联系的基础上，所形成的一种充满记忆的情感体验，指的是人对空间为我所用的特性的体验，或者说是一种在共同体验、共同记忆基础上与空间形成的有意义的伙伴关系。

挪威建筑理论家诺伯舒兹从建筑现象学视角对场所、场所精神进行过深入研究。他认为，场所不是抽象的地理位置或场地概念，而是具有清晰的空间特性或"气氛"的地方，是自然环境和人造环境相结合的有意义的整体。场所精神在古代主要体现为一种神灵守护精神，古罗马人认为每一个独立的本体都有自己的灵魂，这种灵魂赋予人和场所以生命，同时也决定其特性。在现代则表示一种主要由建筑所形成的环境的整体特性，具体体现的精神功能是"方向感"和"认同感"，只有这样人才可能与场所产生亲密关系。"方向感"，简单说是指人们在空间环境中能够定位，有一种知道自己身处何处的熟悉感，它依赖于能达到良好环境意象的空间结构。诺伯舒兹的这一观点非常重要。对于绝大多数历史古城而言，其友好的空间格局依赖某些高耸的标志性历史建筑或"特征性场所"所营造的方向感。例如，由于位于北京中轴线北端的鼓楼连同它后面的钟楼周围，大片覆盖着灰瓦的低矮民宅，因此它高耸的楼阁和雄大的基座，成为统率周围地段的构图中心，不仅使附近胡同的空间形态呈现独特的审美意味，也成为老北京人方向感的重要依托。"认同感"则意味着与自己所处的建筑环境有一种类似"友谊"的关系，意味着人们对建筑环境有一种深度介入，是心之所属的场所。在诺伯舒兹看来，建筑就是营建场所精神，是场所精神的形象化，建筑的目的是让人"定居"并获得一种"存在的立足点"，而要想获得这种"存在的立足点"，人必须归属于一个场所，并与场所建立起以"方向感"和"认同感"为核心的场所感。这就是诺伯舒兹有关场所问题的基本思想脉络。

此外，还有不少学者强调场所感的意义。例如，段义孚对场所感（或地方感）有独特研究，他系统地发展一个概念，即"恋地情结"，表达了人们对场所的爱恋和依赖之情。他认为，"恋地情结"是人与地方之间的情感纽带，"恋地情结"是关联着特定地方的一种情感，环境能为"恋地情结"提供意象，因此这种情感不是游离的、无根基的。乡愁本质上就是一种"恋地情结"。这种情结是大多数人离开长期生活的环境后自然而然萌发的。从胡同里狭窄的小房搬进单元楼的老北京人，即便他（她）深知胡同的灰土和四合院的杂乱之苦，仍旧会怀念往日那些场所氛围，甚或害起一种隐隐的如同怀乡病般的"恋地病"来。

凯文·林奇是最早系统研究城市意象的学者，他认为有可读性的、好的环境意象具有重要的情感价值，会使人产生犹如回家般的安全感和愉悦感。而"场所感"主要来源于地方特色，这种地方特色能使人区别地方与地方的差异，能唤起对一个地方的记忆。美国学者梅亚·阿雷菲指出："场所的概念概括了一个具备独特物质与视觉特征的地区，它也为城市规划与设计事业指出了一条解决问题的途径。一个具有强烈地方感的位置不仅具有视觉上可辨认的地理边界，同时也能唤起人们的归属感、集体感，并给人一种踏实的感觉。"

现代建筑与城市规划的一个重要问题是场所感的削弱甚至消失，居民与环境的疏离感、陌生感日益增强，到处旧貌换新颜，到处变得都一样，让本地人也产生了"异乡人"的感觉。对此，加拿大人文地理学家爱德华·雷尔夫在 20 世纪 70

年代提出了"无场所"的概念，指出现代城市随意根除那些有特色的场所，代之以标准化的景观，由此导致了场所意义的缺失。那些无场所感的标准景观，便将原本贴近个人与群体的共同生活记忆淡化为个人生活经验与空间的疏离，这是一种缺乏生活印记的空间，显然很难建立人与环境的情感关联，导致人们缺乏归属感。雷尔夫认为，"媚俗"是"无场所感"地方的一个重要特征，庸俗的怀旧或复古不过是为大众创造或生产消费品而已，并不能使人产生归属感。雷尔夫说的这种现象在中国城市更新过程中也出现过，那些布景化的、崭新的"历史街区"就是"媚俗"的产物。

2008 年，北京前门大街改造修缮后，逐渐变成了一个专供外地人体验老北京风情的旅游景点：青白石铺就的步行街上，两侧整齐簇新的中式传统建筑，风格是如此一致；大红的糖葫芦、大小不一的拨浪鼓、黄铜的鸟笼，变身成"路灯"，矗立在大街两侧，而原本作为四合院宅门建筑构件和门第符号的抱鼓石则令人不解地变身为垃圾箱。重建后的前门大街给人的感觉总是缺点儿味道，它营造的只是表面的，甚至可以说是俗气的传统气氛或地域风格，丧失了原先街区的包容性魅力与传统的空间活力，呈现出的是一种没有老北京日常生活真实根基的规划景观，使本应具有浓厚场所感的地方，成为另一种形式的"无场所感"空间。

有关建筑与城市规划中的场所、场所感的概念，对我们认识建筑遗产保护的特殊情感价值，极具启示意义。实际上，所谓城镇建设要让居民"记得住乡愁"，本质上就是指城镇建设应保持和建构一种空间环境的场所感，一种建筑、城市、乡镇与人们的居住之间积极而有意义的情感联系。场所感一旦消失，就意味着乡愁无处可寻，也无处安放。

一座城市在走向现代化的进程中必然遭遇保护与发展的难题。从城市历史发展的角度来看，城市建筑空间的场所特性和场所结构存在保护与发展、稳定与变化的矛盾。应该看到，场所不可能永远不变化，场所的变化既有积极的一面，又有消极的一面。积极的一面是城市要发展、要前行，要让市民生活得更舒适，就不能不更新改造；创造符合时代要求的新空间，不可能不触碰历史建筑和历史空间；也并非所有老建筑、老街道都有必要或有条件完整地保留下来。消极的一面是，城市若在高速经济发展中，对突显城市特色，承载历史、记忆和情感的老建筑缺乏起码的敬意，将历史建筑、历史街区当成城市发展的绊脚石，一味以推土机为先锋大搞城市建设，导致的结果便是城市现代与繁华了，但这个城市的文化血脉却没有了，原有的场所感几乎完全丧失了，当然也就很难让居民记得住乡愁了。这说明，对于城市建筑空间的场所特性和场所结构，应当处理好稳定性与变化性的关系，必须保持其相对稳定性，尤其是一些原有的承载城市特质和乡愁的场所特征，应当在城市建设发展中延续下来，并得到妥善保护。

对于北京城而言，明清两代留下的 62.5 平方千米的北京老城，以其匀称明朗、气象非凡的城市格局而成为世界城市史上的典范，必须要加以保护。其中，最需要我们关注的不是已得到有效保护的重要文物建筑，而是最容易受到伤害的传统街道系统与民居建筑形态——胡同和四合院，正是胡同与四合院及其相互依存关系造就了北京独特的场所感。澳大利亚遗产保护建筑师伊丽莎白·瓦伊斯曾说："一座城市不仅仅是由砖和灰浆所构成，而应该是此地独一无二的场所特征及其不断演变的故事的综合性结果。传统街景的拆毁隔断了一个社区与自己特殊过去的联系，这个过程是不可逆的——一旦消失，这些熟悉而尺度亲切的建筑与场所将无法恢复。"今天，面对城市建设、城市发展、居民生活条件改善与北京传统建筑文化传承、北京胡同与四合院保护之间的尖锐矛盾，也许我们首先应该反思的是：如何正确认识胡同与四合院在古都风貌与历史文化名城保护中的地位和价值？胡同与四合院作为植根民间和日常生活的建筑文化遗产，其本身除历史价值、建筑艺术价值之外，还有与其独特的场所特征相联系的情感价值，这一点尤其值得重视。没有物质性表征的记忆往往是抽象的，北京老城里活生生的老街巷、老房子作为存储和见证城市生活的具象符号，借由时间向度的历史叙述，借由城市居民对它们的依恋，突显了胡同、四合院所具有的不可替代的集体记忆功能，成为乡愁最重要的载体。如若在现代化发展与城市化进程中，一砖一瓦都带着民风民俗沉淀的胡同与四合院完全被宽阔的大街与鲜亮的新建筑湮没，我们又如何能体会六朝古都的市井文化魅力呢？为了短期的经济利益和商业利益，拆除一个个老房子，可能就少了一个个有场所感的地方。

同时，全球化趋势使世界文化出现了史无前例的文化碰撞与文化交汇的复杂格局。在这样的时代背景之下，处于发展中国家的我们，更应当要对本民族、本地域的文化传统抱有深厚情感，怀有浓郁的"乡土情结"或家园意识，坚守对民族传统文化的忠诚与认同。这种精神诉求实际上是传统文化情感价值的重要体现，它源于人们一种内在的社会心理上的需求，即归属感需求。作为一种集体记忆形式存在的传统建筑、传统街区，恰恰能够满足人们归属于某一场所、某一地域、某一文化传统的愿望，强化人们的共同身份认知，成为人们乡愁的依托之地。

三、作为一种建筑审美意象的乡愁

总体上看，建筑遗产保护理论中的审美价值，其内涵注重的是建筑的形式元素和结构法则所体现出的审美质量和艺术水平，比较忽视审美意象层面的阐释，当然这可能与审美意象难以转换为具体的评估标准有一定的关系。实际上，从审美意象层面看建筑遗产的审美价值，乡愁是建筑审美意象的一个重要体现，我们可以在建筑遗产审美价值范畴内提出第二级的价值评价要素——乡愁价值。

在我国近现代美学界，审美意象一直被推崇为中国美学的核心概念。在朱光潜看来，意象是美感体验的对象和审美活动的结晶。朱光潜曾说"依我们看，美不完全在外物，也不完全在人心，它是心物婚媾后所产生的婴儿"，这个人心与外物、情与景交融而产生的"婴儿"就是意象。宗白华谈意境和意象时，举过一个例子——龚定庵在北京时对戴醇士说："'西山有时渺然隔云汉外，有时苍然堕几榻前，不关风雨晴晦也！'西山的忽远忽近，不是物理上的远近，乃是心中意境的远近。"透过这个例子，宗白华形象地说明了意象是情景交融所产生的心像。叶朗对意象进行了更为系统的分析。他认为，审美意象是一种在审美活动中生成的充满意蕴和情趣的情景交融的世界，它既不是一种单纯的物理实在，也非抽象的理念世界，而是一个生活世界，带给人以审美的愉悦，并以一种情感性质的形式揭示世界的某种意义。从审美意象的视角看建筑遗产的审美价值，就不能仅仅停留于只是对作为审美客体的建筑本身的形态、结构和元素的审美价值评估，而应将建筑遗产视为一种审美之"象"，即作为主体的一种情感体验"意"之载体的"象"，这时的建筑遗产已经不是单纯的物理存在了，而是充满情感意味的审美意象。

同时，建筑遗产不仅具有三维空间的立体性，它还随时间的流逝而变化，也就是说建筑遗产之"象"是一种存在于四维时空中的形象，其独特性在于它可以通过实体形态直观地呈现和展示曾经流逝的岁月印记。对于普通人而言，看到老建筑上留下的由时光制造的斑驳痕迹，往往会引发一种怀古思幽之情。用阿洛伊斯·李格尔的一个概念来表达，这些浸透着细节回忆的岁月印记就是所谓的年代价值，年代的痕迹，作为必然支配着所有人工制品之自由规律的证明，深深打动着我们；年代价值通过视知觉就立即可以表明自身，直接诉诸我们的情感。它不需要像历史价值一样要获取有关详尽的历史事实，而是需要联系建筑遗产本身的历史重要性、真实性来衡量。可见，年代价值本质上是审美性的情感价值，它诉诸直观感受和当下的情绪体验，是构成建筑文化遗产乡愁价值的重要来源。

"乡愁不可道！"具有乡愁价值或者带给人们乡愁感的建筑、历史古迹，往往具有某种难以名状的精神特质。乡愁的内涵很难被准确界定，因此吟诵它的往往是诗人。唐代诗人戎昱凭吊楚国都城郢的遗址废墟时，登临高处想重拾旧游的心情，生发出的却尽是剪不断的乡愁："故国遗墟在，登临想旧游。一朝人事变，千载水空流。梦渚鸿声晚，荆门树色秋。片云凝不散，遥挂望乡愁。"钱锺书先生1935年在牛津大学埃克塞特学院学习，秋游牛津公园，触景生乡愁："绿水疏林影静涵，秋容秀野似江南。乡愁触拨干何事，忽向风前皱一潭。"

建筑遗产所呈现的乡愁价值是一个包容性很强的概念，既是一种特殊的审美价值，又是一种特殊的情感价值。它并非单一的如和谐、温暖、愉快等情感色调，还包括静谧、孤独的感觉，也能够引发惆怅、忧愁、惋惜、忧郁等与愉快相对立的情感色调。尤其是建筑审美意象所体现的人生感、历史感、宗教感、沧桑感等意蕴，往往更容易使人感到莫名的惆怅、伤感，或可称之乡愁，但这种感受其实正是一种美感体验。梁思成和林徽因认为，建筑并不是砖瓦沙石等物无情无绪地堆砌，建筑不仅是一种物质产品，也是一种能够营造意象的精神产品，尤其是人们在面对古建筑遗物时，能感受到一种他们称之为"建筑意"的审美体验，它不是单凭感官就可以获得的，需要一种深层次的、潜意识里的想象与感慨，是一种有着丰富文化意味的乡愁感。

瑞士著名建筑师彼得·卒姆托思考建筑时，谈到了建筑带给人的一种特别的情感——melancholy perceptions，有学者将其译为"忧郁感；凄迷之感"。他的基本观点是好建筑必须有能力融入人类生活的痕迹。他说："当我闭上双眼，尝试忘记这些自然痕迹和我最初的联想时，留下的是一种不同的印象，一种更深刻的感受——对时光流逝的感悟，对那些曾经发生在这些场所和空间的生活的理解，这些生活还赋予了它们特殊的氛围。在这些时刻，建筑的美学价值和实用价值、风格和历史的意义，都是次要的。唯一重要的，是这深深的伤感。"美国建筑师克里斯托弗·亚历山大在《建筑的永恒之道》一书中，一步一步探索具有永恒之道的建筑所具有的无名特质，从"生气""完整""舒适""自由""准确""无我"，一直到"永恒"，最后他得出结论："无名特质包容了这些更简单、更美妙的特质。但它也还是如此的普通，不知怎的，它竟使我们想起了我们生活的匆匆流逝。这是一个略带惆怅的特质。"亚历山大最终将踏上永恒之道的建筑用略带"惆怅"或"辛酸"的字眼来表述其无名特质,这一观点同样表达了美感与乡愁的关联,可以说,这里的无名特质就是一种乡愁感。

乡愁价值是建筑遗产的一种特殊的衍生价值,它既是一种以场所感为核心的情感价值,又是一种与岁月价值紧密相关的具有复杂情感色调的审美意象。这种乡愁价值,一方面作为人们共有的情感记忆,彰显了似水流年中建筑场所的不朽特质与历史痕迹;一方面又与生生不息的现实联系在一起,呈现出旧与新的对话、毁坏与建设之间的反差。建筑遗产因而既具有过去性又具有当下性,所以它唤起的情感体验,既可能是对民族、地域和乡土的熟悉感、认同感和自豪感,也可能是"时至自枯荣"般的伤感和忧郁。同时,乡愁的情感力量在推动建筑文化记忆传承中还发挥着不可小觑的作用。

阐释建筑遗产所具有的情感价值极其重要的构成要素——乡愁,将有利于拓展我们对建筑遗产价值的认识,使我们更为深刻地理解保护建筑遗产的重要意义。荷兰建筑师阿尔多·范·艾克有一句话说得很好:"建筑,不必多做,也不应该少做,它就是协助人类回家。"有助于唤起我们的记忆、增强我们认同感和归属感的建筑遗产将帮助我们"回家",并铭记乡愁。

第四章 建筑遗产的保护利用方式和措施

第一节 建筑遗产的保护利用方式

一、对近代建筑遗产实施保护利用的一般过程

伴随着经济的发展，20 世纪 80 年代以来我国的城市发生着空前的巨变，数十年沉淀积累而来的城市格局面临着规模、布局的重新调整，土地价格的上涨导致城市用地问题日益严峻。建设初期，许多城市采取了单纯粗暴的方式解决问题，使建筑遗产、街区被大量拆毁。但随着时间推移、人们意识到单纯地"开发"抹去了都市的历史和文脉，一味地新建设，将使所有城市呈现均一的景观而失去自身的文化魅力和个性。而城市建筑遗产特别是近代建筑遗产多位于原有的城市商业或政治中心地区，与城市开发的矛盾显著。随着时间的推移，建筑遗产所在的周边环境发生了变化，原有的布局与城市发展产生了矛盾，同时使建筑遗产的价值越来越突出。简而言之，建筑遗产特别是城市中的近代建筑遗产面临的问题是：留存的状态劣化但是留存的价值增大，并且随着社会观念的变化，对其实施保护的愿望不断增强。

只片面地考虑保护，可能导致僵化的保护姿态，虽然建筑遗产得以暂时留存，但是对时代变化的不适应并未改善，进一步的维护、再利用得不到持续的保障。那么随着城市的进一步发展，就有可能再次产生保护与开发的矛盾，或者被城市的更新及发展所遗忘，慢慢归于沉寂。而片面地考虑解决城市矛盾，放大再利用的尺度，则会脱离保护的范畴，偏重建筑遗产的物质价值，其结果是建筑虽然保留下来，却违背了保护的初衷，失去了当初采取保护措施时最关注的价值。

近代建筑遗产的保护问题有别于古代建筑或传统建筑，从保护问题产生到实施保护利用措施的发展过程存在特殊性。近代建筑遗产因其历史性和文化性而具有历史、艺术、科学价值，又与许多旧建筑、既存建筑一样，长时间的使用给近

代建筑遗产带来了损耗，加之城市格局、规模等因素的变化，促使我们必须做些什么才能让近代建筑遗产更适应时代的发展，这就产生了建筑遗产的保护问题。探讨保护利用必须考虑两方面的因素：对建筑遗产价值的调查研究；对建筑遗产适应性的分析。两方面综合构成了制订保护利用计划的条件和基础。

通过对价值的权衡取舍，对保护手段措施的选择，最终形成的综合策略可以称之为近代建筑遗产的保护利用计划。计划不仅是解决眼前的问题，还要为所保护的近代建筑遗产创造一个新的环境，使它与时代融合，解决未来的发展问题。对于再利用，西方的学者和建筑设计人员有许多词汇进行描述，这些词汇也体现出对于再利用的理解存在着分歧，比较常见的有整修（renovation）、修复（rehabilitation）、改造（remodeling）、再循环（recycling）、环境重塑（environmental retrieval）、延续使用（extended use）、再生（reborn）、改建（adaptation）以及适应性再利用（adaptive reuse）等。

二、近代建筑遗产的保护利用方式

近代建筑遗产保护利用计划的主体是方式的选择，由于建筑物的用途、历史演变、损伤程度、保护价值、周边环境等条件不同，所以采用的保护利用方式不可能是唯一的，对其实施的保护也有不同的分类方式。按照近代建筑遗产与基地的关系可分为原址保存和异地保存，其中最常见的是原址保存。保存与保护不同，强调留存，相对于拆除而言，不包括改造等意思。但如果基地的条件恶劣，或由于规划、市政建设的原因必须变更建筑物位置时，则可采取平移或移建等方式。按照保存对象范围可分为整体保存、部分保存（如把建筑遗产的一部分与新建部分结合，以及保护外部、改造内部）、复原保护（如把建筑遗产经过不当改造的部分复原）、功能性改造（如为赋予建筑遗产新功能而进行的改造）。按照物质留存状况可分为保存和拆除两种情况，拆除后实施重建或资料保存等方式。按照对建筑构件、材料的处置可分为保留全部或大部分原始材料构件，或是部分替换、补充。

（一）保护对象范围

各城市的保护条例和办法以及实施细则都对保护对象进行了划定和分类，而在实践中可按照规定针对保护对象范围的不同，实施不同方式的保护利用。

（二）保护利用方式

1. 原址保存

建筑群的保护包括整体保护和单体建筑的保护。与风貌区保护不同，原址保护建筑群，特别是一些近代公共建筑组成的建筑群，如外滩建筑群、清华大学早期建筑群等，是在重视建筑个体质量的前提下，整体保护建筑群的。

建筑物整体保护，即原址原状保护，需要认定建筑遗产外观及内部整体的保护价值。例如，已认定为各级文物保护单位的近代建筑遗产，各城市优秀历史建筑中保护等级高的建筑遗产，在理论上采用这种对应方式。

建筑遗产的主要部分保护，基本有两种情况：①除了没有保护价值的部分，对其余部分实施原址保护，同时拆除后期的加建；②如果外立面为保护对象，则保护外立面。

主要部分保护是近代建筑遗产保护在实施中最常见的方式，由于近代建筑遗产仍然在使用中，对其采取外部保护，内部选择重点进行保护，其他部分按使用需要改造的实例，在目前实施的案例中占比最大。

部分保护与主要部分保护有所不同，部分保护指的是保护建筑物平面或竖向上的某一段或者保护建筑物的某个有价值的空间。例如，保护建筑物的中央段或是两翼部分（平面）；保护塔楼、山花等纵向划分出的部分（立面）。因为近代建筑遗产保护重视建筑外观对整体环境和街区的景观贡献，外部、立面大多整体划定在保护对象范围内，因此这种保护方式实际应用得很少。只是在对建筑内部的保护对象范围划定中，有时规定部分空间，如大厅、门厅、某个办公室作为保护对象。

重要构件、装饰的保护。由于地方政府制定的保护规定中，最低级别的保护方式仍然需要保护主要立面，因此目前这种保护方式在我国只适用于没有划定为保护单位、历史建筑的近代建筑遗产，针对其独特装饰构件或极具特色的细部进行保护，或者与其他保护方式共同使用。

2. 整体移建与迁移

在原址实施保护或再利用措施，是最常规也是最合理的建筑遗产保护利用方式。建筑遗产在迁移后不可能复原建筑生存若干年的周边历史环境，必然导致某些重要历史信息的流失。离开土地保护的建筑遗产仍然是重要的历史资料，但是却很难让人认识到建筑物的生成背景。所以对近代建筑遗产实施重建及异地保护，多是由于外部环境改变或者难以克服的客观条件限制。迁移保护包括分拆落地后异地重建和建筑物整体迁移（又称平移）两种方式。移建与平移的具体措施如下。

移建与平移手段都是在保留建筑物的前提下，使建筑与土地分离后按需要完成整体布局的，这样可以使建筑遗产再利用的可能性大幅增加。移建是拆除建筑，在新址用原材料重建，这种方式从总体上复原了建筑，虽然保留了大部分原有材料，理论上使用原工艺，但现代结构运算、施工技术和工艺的介入改变了原有建筑的砌筑方式、承重结构等历史信息。而平移是从原址土地上切割分离出建筑物，并进行整体移动，虽然不能保留原有布局和环境，但是切割面以上的部分，如材料、工艺、结构等历史信息，可以原样保全，能较完整地保留了建筑的原真性。

由于迁移建筑必须与原地基分离，因此不存在绝对意义的整体迁移。保护的范围取决于切断和分离位置，包括带基础、地下室平移，如广州锦纶会馆地上部分平移、上海清水湾老建筑的平移；建筑物的一部分平移与新建筑物结合，如哈尔滨市欧罗巴广场边的建筑保留外墙移至他处，待新建筑建成后移回与新建筑结合。整体迁移只是保护的一个阶段方法，一般迁移前后仍然需要施加与原址保护相同的修缮措施，并且需要更复杂的加固措施。

3. 落架重修

这种保护方式多用于传统木造建筑，对近代建筑遗产较少采取这种方式，主要原因是近代建筑多为砖木、砖混或钢混结构，拆除和再建造的过程将损失大部分历史及技术信息。对低级别保护建筑，建造年代较久，损坏严重，原样修缮有难度的建筑遗产，多在重点局部保留的前提下重建。例如，上海的新天地改造，就是采用了将外墙拆除、原样重建的方法进行保护利用的。

4. 重建、复原、复元

先区分几个概念：复原、复元与重建。一般来讲，复元是根据资料和证据经过推断考证，恢复已经不存在的建筑。复原则是按历史资料补足建筑损毁部分，即对建筑物的损伤、改造、部分缺失进行修复，使其恢复原状。重建一般针对有重要文物价值但是破损已经到了无法修复的程度，或是经过调查研究掌握了充分的史料后对具有重要历史价值的建筑进行的保护利用方式。

近代建筑遗产的重建多是由于补充重要历史节点，或者修复历史遗迹。也有一些是为了保持历史街区的连续性。复原、重建对设计者有较高的要求，必须在找到确切历史依据的情况下进行，否则复原的建筑可能面目全非。

郭黛姮教授曾将建筑遗产的重建分为文物建筑性质的复原和非文物建筑的复原，并指出文物建筑的复原是在充分研究了史料、进行了考古发掘的基础上，在不破坏原有遗址上的文物遗迹的情况下进行的复原工作。

我国建筑保护界对于复原和重建一直存在争议，这种争议主要针对古建筑，特别是古城墙等名胜古迹的复原重建。对于古建的修复重建，有几种不同的观念：第一种认为，重建具有一定的科学性，并且满足中国人追求整体性的审美心理。第二种认为，修复重建后的建筑就丧失了文物价值和所携带的历史信息。第三种认为，应根据具体情况区别对待。例如，经评估不具有文物价值的建筑，可根据考古资料和历史文献进行复原重建；又如，为了补全传统建筑空间或恢复历史景观，复原重建其中已损毁的单体建筑。

第二节　建筑遗产的保护利用措施

一、建筑遗产的保护和利用原则

保护方式是针对保护对象范围划定的，而保护和利用则是建立在保护对象范围认定基础上的几种措施组合的综合计划。决定对建筑实施保护利用，必须审视什么方式和措施能够有助于保护，增大建筑的适用性。保护利用措施可分为物理措施和非物理措施两种。物理措施是指改变建筑的场所、质量、体量、容积的手段，包括修缮损毁部分、布局变化、设备更新、结构加固、增建、迁移等。非物理措施是软性的调整，包括改变所有人、使用人，调整为更符合建筑特点的使用功能；行政上的政策优惠、经济优惠、通过保护制度指导和规定保护范围等。

无论建筑是延续原有用途或是作为博物馆、陈列室、纪念馆，还是转换为其他功能，从广义上看所有的保护利用工程中都需要调整以适应时代要求。近代建筑遗产最大的特点是仍在持续使用当中，实用性决定了只要对其再利用，必然伴随调整、改造环节。因为近代建筑虽然在功能上比古代建筑接近当代建筑，但由于社会生活及科技的发展，功能要求均发生了变化，要想使建筑遗产完全适应使用要求，就需要改造。另外，近代建筑遗产大多已经达到使用年限，并且建造时的结构计算方式、材料配比与现在不同，存在结构隐患，再利用时需要对其进行结构加固或替换。

继续作为宗教设施使用的教堂建筑，需要更新设备管线等基础设施，以适应现代化的使用要求；作为纪念馆使用的建筑，因为要展示原有功能，所以空间变动较小，但也必须设置展示需要的灯光、人流疏散通道及附属用房等。

而在实施了保护工程的近代建筑遗产中，除宗教建筑外，大多不再完全按照原有用途使用，即便是居住建筑，也大多比设计时增加了居住人口和户数。或有许多建筑质量较好的独立式居住建筑转为办公或公共建筑。例如，上海徐汇区的花园洋房，除25%仍作为住宅使用，其他均转作其他用途，如办公、学校、图书馆等。宏观上看，用途改变存在于任何一项保护利用工程中。

二、调整用途的具体内容

（一）调整用途的定义及普遍性

从城市、社会、用途的体系中看，近代建筑遗产的保护利用已不能就单一、具体的建筑而论，更不能只讨论物理措施，应从建筑、历史街区、风貌区的体系化保护利用入手。我国已建立了历史文化名城保护的三级保护架构，并强调从历史地段的中间层次切入，即从整体规划出发的保护思路。近代建筑遗产保护利用计划应顺应社会发展的需要，借鉴这个思路：第一，从城市结构调整层面开始，为建筑所在区域功能定位；第二，经过社会层面的基础调整，确定用途与功能；第三，落实到物质改造的技术实施层面。改变使用者、置换功能、调整用途，就是在近代建筑遗产的再利用中，使建筑所容纳的内容完成合理替换。这种方式以新功能激活濒临消亡的旧建筑，赋予保护对象以新的生命，以调整原有用途来保证建筑遗产的持续发展和保护。

功能置换与就地征用的差异在于，功能置换的目的是使近代建筑遗产获得适应其保护发展的用途，恢复符合建筑定位和原有设计原则的功能。另外，随着社会经济的快速发展，城市面临功能提升、功能区重新划分等需求，当区域功能转变或整合时，相应地对于建筑遗产的保护利用往往采取功能置换的方式。

（二）用途调整的要点

1. 保护等级对用途调整的影响

调整用途、功能置换使原本完全不同的保护和再利用行为能够共存，但需要考虑两方面的措施：第一，文物保护的要求，对于文物级别高的建筑遗产，保护的目的主要是使建筑遗产完整地流传后世，所以保护利用的主流方式是修复至历史上某一特定时期，应优先考虑保护问题。第二，再利用措施以保护文化价值的被动对应为主，不能对建筑遗产进行如扩建、改建、平面布局变更等大力度的改造。而保护级别较低的建筑遗产或未列入保护范围的近代建筑遗产，可以相应地加大改造的力度。

对建筑遗产实施再利用的原则是保护原建筑遗产中具有保护价值的部分，也就是上文所说的保护对象范围内的部分。改造、改建或扩建必须尽量减少对保护范围的损害，保持其作为保护对象的价值。保护对象范围决定了可改变的尺度，调整后的用途必须确保保护对象的安全，同时根据新的功能要求对其余部分进行不同程度的改变。

各城市的保护条例或办法对于保护对象范围都做出了规定，以哈尔滨市颁布的《哈尔滨市历史文化名城保护条例》为例，《哈尔滨历史文化名城保护条例》第二十七条规定，对历史建筑按照下列规定实施分类保护："（一）一类历史建筑，不得改变建筑原有的立面造型、表面材质、色调、结构体系、平面布局和有特色的室内装饰。（二）二类历史建筑，不得改变建筑原有的立面造型、表面材质、色调和主要平面布局。（三）三类历史建筑，不得改变建筑原有的立面造型、表面材质和色调。"

因此，如对哈尔滨市一类历史建筑实施保护利用时，可改造的范围只限于设备及不重要的室内装饰，且设备的安装还应该不破坏有特色的室内装饰及平面布局。设备更新时应注意新增的设备不能损害原有形象。这种改建方式比较接近于修复方法，适用于那些保护等级很高、具有重要历史价值和艺术价值的近代建筑遗产。对于二类历史建筑，则可以进行结构改造和替换，除主要空间外调整建筑其他部分的布局，用途调整的余地加大。对于三类历史建筑则除了外观需要保护外，可以对内部实施功能置换。

2. 建筑类型对用途调整的影响

近代公共建筑、办公建筑一般位于城市中心，建造规格较高，一般都划定了保护等级，按照规定保护对象范围内不得改动，主要是根据建筑遗产的历史用途、空间性质特征调整使用者，赋予建筑遗产相适宜的用途。通过调整降低建筑遗产的使用强度，由内而外使之恢复历史用途和外观特性，同时进行与功能对应的设施更新。实际案例中配合用途调整，保护利用措施多为外部修缮、结构加固、内部改造的组合方式。

近代建筑遗产的用途调整，框架结构优于砖木结构、大空间优于小空间、公共类优于居住等较专门的类别。目前用途调整主要应用于公共建筑、办公建筑和工业遗产，从实用角度分析，与既有建筑改造的情况类似，近代公共建筑、办公建筑的质量、结构、空间、选址都具有优势，用途转变余地较大。同时，近代建筑遗产中，公共建筑比居住建筑保存现状好，使用强度较容易得到保障。相比较而言，近代居住建筑保存状况差，空间、结构、功能都存在局限。另外，对居住建筑的用途调整，还面临搬迁等复杂的社会问题。

从物质结构上看，居住建筑普遍采用砖木结构，公共建筑主要采用框架结构，后者具有相对更高的坚固耐久性，并且能够提供大空间，增加了调整的适应性，最典型的例子是工业遗产中的机库、厂房等建筑。

3. 城市功能更新与近代建筑遗产用途调整

随着城市更新，近代建筑遗产所处地段的功能定位发生改变，为了使近代建筑遗产适应时代的发展也会采用功能置换来调整用途。上海外滩建筑群的功能和用途置换是最典型的例子，1994年，上海市政府对外滩建筑实施外滩房屋置换计划，原使用单位迁出，引入金融办公功能，从功能使用上复原建筑遗产。

再如，2016年，北京市城市总体规划发布，其中提出非首都功能疏解腾退。对于疏解腾退中建筑遗产的空间利用问题，不仅国家政策研究机构提出方案，社会各界均从不同方向献计献策。目前的研究主要集中在三个方面：疏解腾退后的利用原则性建议；传统风貌居住街区的整治利用；腾退后文物的保护性利用。北京作为古都和传统城市，近代建筑遗产不是城市建筑遗产的主要构成部分，但它们反映了近现代社会的转型过程，是北京从传统闭塞的古代都城到开放的现代化都市的历史实证，也记录了新时代建设者们探索建筑和城市发展道路的历程。如北洋政府陆军部、海军部旧址大楼、东交民巷建筑群、高校建筑群等。同时，近代建筑在外观特点、建筑类型、区位功能等方面均具有转化的优势。例如，与传统合院建筑不同，近代建筑属于外向型空间，庭院开放空间位于建筑周边、建筑面向街道，且结构、布局更易适应当代用途，通过统筹规划和适度改造更易于转为文化、教育、社区服务等功能，成为街区的新中心，带动周边地区环境整治和景观提升。因此，非首都功能疏解在推动北京城市的"瘦身健体"的同时，也为近代建筑遗产的功能重置和合理利用提供了契机。

三、物理措施中的选择要素

物理措施包括建筑内外的修缮、结构加固或置换、设备更新、平面布局变化、增建、平移等。在一个项目中可能出现上述内外结构、设备几方面保护利用措施的不同组合。

以砖墙破损部分的修复为例，目前在近代建筑遗产保护中常用的砖墙面修复技术主要有剔砖修复、砖粉修复、涂料法、外贴仿制面砖等几种方法。

剔砖修复是砖墙的传统修复方法。一般采用局部替换的方法，如剔砌、局部掏砌或掏换等，用新的砌体将风化、碱蚀严重的砌体替换出来。而使用砖粉修复、涂料法、外贴仿制面砖等其他方法，对原建筑的改变程度加大，保护程度降低。

四、外部修缮

外部修缮，或者称外立面的修缮，是近代建筑遗产保护修复中的重点。不论内部功能变化与否，大多数保护工程在外立面的修缮中力求遵循文物建筑修缮的原则。

修缮的内容包括墙体、屋顶、门窗、内部装饰、楼地面等；修缮的主要步骤包括墙体清洗、墙体修复、门窗修缮、屋顶修缮、楼地面修缮、室内装饰的修复。

近代建筑外部修缮主要包括墙体的修缮、屋面修复、门窗修缮、局部复原。

（一）墙体的修缮

1. 墙面清洗

近代建筑的外墙主要包括清水砖墙、石材墙面、水泥砂浆粉刷墙面。表面清洗是对现代建筑遗产进行修缮维护的一个重要内容，对于恢复建筑外观、保护原有建筑材料都具有重要的作用，清洗的目的是清除掉墙体表面的附着物。

实际操作中根据使用的工具、材料和操作，主要包括水清洗、喷砂清洗、研磨清洗、敷剂法清洗等方法。

水清洗包括高压喷水、低压喷淋、水蒸气喷射、雾化水淋及水浸泡等。水清洗法破坏性小，对石灰石和较低硬度的砖砌体最有效，而且对环境的影响也最小。北大红楼修缮时，采用软毛刷清理表面污垢和灰尘，用清水自上而下清洗。天津意式风情区修复时采取了雾化水的方式，首先对意大利兵营建筑的墙体表面进行简单的清理，然后采用雾化水对墙体进行清洗。

喷砂清洗是在水清洗的基础上，使用高压水加石英砂喷射清洗墙体表面的清洗方式。外滩9号上海轮船招商局大楼的青石墙面修复时使用了高压水加石英砂的清洗方式，清洗后用专用的修补材料进行修补。

研磨清洗是对严重磨损或污染的墙面进行翻新的一种方法。如王府井东堂的修缮项目中，对石材基座、腰檐及雕饰的凸起部位以清洗、打磨为主。广州圣心石室教堂的墙面在20世纪80年代曾用盐酸对外墙清洗，由于酸性过大，引起石块表皮剥落。在2006年的修缮中，专家提出："采用手工清洗，只清洗表面污染痕迹，不能焕然一新，保存其沧桑印记"，因此施工单位从远在300多千米外的五华县山区找到茶枯饼、黄豆壳等传统材料配制成清洗水，用手提式打磨机安装钢丝球擦洗三遍，最后用清水冲洗干净，自上而下进行。但是对砖墙进行打磨，露出来的新砖面如果面积较大，则会使建筑遗产丧失沧桑感，如大连的辽宁省外经贸委办公楼在修复时，将墙面整体打磨掉一层，结果露出的新砖面呈粉红色，又选择了一种油性涂料才找回一点老建筑的沧桑感。同时，还必须考虑对打磨后的砖墙进行保护，北京东交民巷圣米厄尔天主教堂在修缮时，因外墙砖表面风化很严重，因此对风化的外墙进行清洗、修补、打磨，用1:1水泥砂浆勾缝，并粉刷透明的高分子涂料，以保持原有墙面的灰色外观。

敷剂法清洗是采用化学或生物制剂，针对不同的表面污染进行清洗的一种清洗方式。应用敷剂法清理墙面时，敷剂能将可溶性盐从石材内部吸出来。最常使用的敷剂是黏土，也可采用纸浆、面粉等传统材料。具体操作是先湿润需要清洗的表面；然后用塑料薄膜覆盖，待需要清除的物质被敷剂吸收后，将敷剂移除；最后用水冲洗。南京中央体育场工程在去除墙面油漆时，就是使用贴敷法去除的。并用清洗剂溶解污染层，纸浆涂敷法吸附污垢。用纸浆涂敷法清除可溶盐，干后揭取，随后反复处理2～3次。

由于同一座建筑上的墙面材质和污染源也有所不同，目前很多工程采取几种方法结合来清洗墙面。如上海宏恩医院在2000年进行的修缮中，清洗墙面采用了水清洗和化学制剂清洗结合的方法。高压水泵喷射冲洗后用钢丝刷蘸草酸和脱漆液反复涂刷，清除墙面浮尘，然后将勾兑的化学清洗剂注入高压泵，减压喷射冲洗墙面，使其中氯化钠产生充分且持续的湿润及涨泡酥化效果，待积垢被完全清除后再由清水清洗盐碱等残液，避免化学物质对墙体产生新的腐蚀。

另外由于前期的不当维护和使用，许多近代建筑遗产墙面都曾喷涂水泥砂浆，因此，在对此类近代建筑遗产的墙面进行清洗时须先凿除表面水泥砂浆，再视情况选择墙面清洗方式。

2. 墙面修复

（1）砖墙修复

目前我国常用的砖墙面修复方法主要有选择性重砌、恢复性修缮、外贴仿制面砖等三种基本方法。

选择性重砌，是源于传统建筑清水砖墙的修复方法，包括局部剔换、剔砌、局部掏砌。操作方法是采用与原始砖尺寸、材料、强度、颜色等一致的旧砖或按照原工艺烧制的砖，将风化、碱蚀严重的砌体替换出来。替换砖的来源有几种：①来自同一建筑的其他部分或同一建筑群的其他建筑，如天津望海楼教堂采用后部神父办公室的旧砖。②仿制砖，如哈尔滨圣·索菲亚教堂的修复为选用与原始材料性能接近的材料，特烧制了一批 240×110×55（mm）规格的新砖，使几何尺寸与原砖一致，色彩接近。

恢复性修缮，包括用旧砖片和采用砖粉修复。风化和破损程度较大的砖墙，采用贴砖处理。一般采用砖粉修复。青岛欧人监狱主楼与外墙砖门、上海江湾体育场、上海轮船招商总局大楼等运用了此技术。其中上海江湾体育场使用砖粉修补材料对砖体损坏程度在 2 mm 以上的部分进行修补，专门勾缝材料勾缝，最后采用无色透明渗透型憎水性保护液对整个墙面进行全面保护。

外贴仿制面砖，也是在近代建筑保护工作开展初期比较常用的处理方法。在建筑外檐墙面上外贴仿制面砖，进行建筑遗产外墙修复。这种方式与使用涂料相同，掩盖了建筑遗产所传递的历史信息。

砖墙砌体的裂缝一般指沿灰缝形成的裂隙，是近代砖木建筑较为常见的破损现象，应在勘察评估的基础上进行修缮。造成裂缝的原因很复杂，主要原因为结构变形及材料风化。对结构变形引起的裂缝进行修复，应与墙体结构加固同时进行。砖墙裂缝的修复手段主要有：填缝修补、灌浆修补、墙体表面钢筋网片补强。例如，在北大红楼的修缮中，发现外墙中部沿灰缝自上而下通裂，系因过长的无变形缝外墙导致的温度裂缝，非结构原因，不会导致结构性损坏。因此，采用石灰、筛除泥分的中砂、青砖粉（或红砖粉）等配置的砂浆按原形制进行修补。

（2）石材墙面的修复

石材墙面裂缝的修复，包括灌浆填充、寻找相似材料修补、使用石材修复剂。外滩 9 号上海轮船招商局大楼的青石墙面修复，在喷砂清洗后用专用的修补材料进行修补，其中就使用了石材修复剂。

（3）其他墙面修复措施

由于对建筑遗产修复认识的局限，许多城市在近代建筑遗产修缮中，简单采用外墙涂刷材料对原墙体进行遮盖粉刷，达到短暂的"焕然一新"的效果。事实上，对近代建筑遗产而言，这种做法不仅抹杀岁月在建筑上留下的印记，而且耐久性较差，建筑很快又会变得破败不堪。该方法对于近代建筑遗产的适用性有待商榷。

特别是一些近代建筑集中的街区和城市，涂料的使用非常广泛，对于整体风貌的关注掩盖了单体建筑的价值，加之街区整体开发的投资额巨大，暂时没有条件精雕细琢，涂料就成了风貌保护的"捷径"，经过涂料粉刷的建筑失去了岁月痕迹。

3. 墙体防潮处理

墙体修缮中一般需检查防潮层，进行防潮处理，包括重做防潮层、灌浆和化学注射修复防潮层。如在上海市中国福利会少年宫的修缮中，防潮层的修复工序是：先设法干燥墙体，使其强度因潮湿度降低而增加。在做钢筋网水泥粉刷前，对砖墙体（砖和砖缝砂浆）进行化学渗透增强保护。地下室地面待结构层施工完后，做防水涂料并与墙体防潮层连为一体。

（二）屋面修缮

屋面修缮分为三个部分，屋架维修，调换破损较严重的屋面瓦，处理屋面防水及天沟、斜沟等一些重要部位的防水。

视保存状况不同，屋架维修分为干预程度较小的防腐防虫处理，木屋架糟朽部位处理、补强加固。须根据各种不同形式的屋架布置特点，补设结构支撑，加强整体抗倒塌性能，更换屋顶结构。屋面瓦尽可能利用原有瓦片。拆下的屋面瓦，特别是天沟、斜沟瓦及脊瓦等均编号存放，添配新瓦时，其规格、颜色、材质力求与原始瓦片一致。屋面防水处理主要是铺设防水层和保温层。

（三）门窗修缮

对于窗户的修缮，分为修缮、替换两种方法。

替换又包括使用与原材料相近的材料替换和用现代材料替换。

如上海宋美龄故居（爱庐）的修缮，木门窗档子腐朽的以档为单位予以更换，门窗扇损坏的以扇为单位予以更换。朝户外的木门窗扇做室外木器保护漆，室内的木门窗扇做半亚光硝基清漆。门窗上玻璃严格按照原有风格修复或配制，损坏的花玻璃由上海定点厂家按原样复制后安装。而济南丰大银行（老洋楼）因为原有的木窗已经无法使用，修复后建筑均采用颜色跟主楼协调的铝合金窗。

对于铜质门窗等历史特征明显的构件，一般采用清洗、修补、涂色、更换五金等方式继续使用。例如，上海外滩 12 号汇丰银行的门窗，在修缮时对正立面的铜制窗采用清污处理、对次立面的钢制窗更换玻璃。又如，广州圣心石室教堂的室内彩色玻璃为哥特式彩色玻璃画，是在大窗户上先用铅条组成各种图案形象的轮廓，然后用小块彩色玻璃镶嵌而成的，表现的内容多是人物、图案，基本色调是蓝、红、紫三种色彩。修缮施工时首先准确地测量每幅窗户的具体尺寸，检查每一幅窗户因经过百年的风雨、热胀冷缩而产生的变形；准确地画出每户 1：1 的实际彩图；统计编号并按序列排好输入计算机，建立档案，以保证准确顺利的施工和日后的修缮。严格选定配齐所有的各式玻璃；绘画、切割、整体图案要求一致，对每片玻璃的绘画、切割要求准确；高温处理，使颜料渗入玻璃，融为一体，以达到永不脱落、变色。组装时将已处理过的玻璃，按照图纸要求，拼装成各个组合单元；灌注密封剂防漏雨；将每一组装好的单元中的铅部分，用特制的化学液处理，以保证美观和防腐蚀。

（四）局部复原

许多城市的近代建筑遗产都受到过不同程度的外力损毁，教堂、标志性建筑的尖塔、钟楼等高耸部分首当其冲，其次是立面的装饰构件被拆除、凿毁，因此在近代建筑遗产保护工程中会遇到局部复原修复的问题。

上海外滩 9 号大楼的坡屋顶、青石山花和檐口是按照当年的照片上显示的样式重建的。大楼的老青石是一百年前采购施工的，产地来源无从查起。为此设计者在浙江、福建等省份进行广泛查找，收集了多种青石样品进行筛选比较，最终发现浙江温岭产的青石比较接近工程所需青石。随后根据设计提供的照片按 1：1 做出石膏雕花，反复修改达到要求后，按此石膏雕花样本进行雕刻，并且采用了特殊的工艺使石材拼缝隐蔽，产生了看似整体石雕的效果。青岛广西路 37 号，修缮中复原了塔楼，采用钢架结构，并根据历史资料推断覆盖了紫铜屋面。

五、内部修缮

建筑的内部由于使用中破坏，损耗更为严重，而且大多不适应新功能的使用，所以改造力度偏大。按照建筑保护等级和功能变化决定平面布局和内部装修的措施，其中干预度最小的是内部修缮。在对象建筑维持原有功能或作为博物馆、陈列室或故居展示时应对内部采取以修缮为主的措施。

例如，1996 年上海建筑设计研究院、香港美国建筑设计有限公司对外滩原汇丰银行进行的整修设计。汇丰银行作为外滩建筑群的一部分，属于全国重点文物保护单位，历史资料相对丰富，整修后由浦东发展银行使用，基本恢复原功能，具备了最大程度的恢复原状的客观条件。室内修整包括以下主要内容。

第一，底层八角厅壁画。高十余米，面积近二百平方米的八角厅顶部有一个直径 15 米的穹顶，穹顶墙面上的壁画被乳胶漆覆盖。为了安全有效地剥离敷于壁画表面多达四层的腻子漆面，避免损伤马赛克壁画，专家和老工匠采用先敷后剔铲的施工工艺和程序；马赛克壁画有不少缺损，且缺损部位的马赛克有各种颜色，技术人员按原样原色编号后，将加工仿制的马赛克镶嵌补上去。经过精心施工，使约二百平方米的珍贵壁画得以恢复。

第二，意大利石柱。底层营业大厅除两端有 4 根整根大理石柱外，其他柱子均采用两块弧形大理石板作为饰面。历经岁月，不少大理石面出现了程度不一的龟裂、错位，并有柱内的严重损伤。设计师和工匠共同合作，慎重细心地打开并卸下大理石柱帽和饰面石板，在解决了柱内的排水管等问题后再予复原，确保大理石柱面的安全和保护。经过精心的勘查研究，慎重选用大理石专用胶调和石粉进行嵌缝、修补，最后打磨抛光。

第三，底层大班办公室。大楼底层的原银行大班办公室是楼内的重点特色保护空间。采用了贴金、沥粉等传统工艺，修复柚木墙面和彩绘顶棚。

第四，木地板腐蚀严重，部分改为大理石地面。

在大多数内部修缮中，对于吊顶、踢脚线等装饰构件，在损毁、污染严重的情况下，多采用复制替换的手段。通常反映室内早期状况的历史资料远少于反映外观的历史资料，并且随着时间的推移越来越难找到能够回忆原始状况或早期状况的原居住者和使用者。因此，即使是文物级别的保护建筑，在室内的修缮中，也很难完全遵循不改变原状、修旧如旧的原则。不可避免地存在推测、改造的环节，以保护空间特征为主。

在沈阳张氏帅府的修缮时，对于墙面、顶棚、装饰木线、墙裙、楼地面以及踢脚线分别做了如下所述的处理：① 顶棚。除两个房间采用木质吊顶外，其余顶棚只做刮白处理。② 装饰木线。除两个房间没有装饰木线外，其余各房间均有装饰木线。③ 墙裙。具体来说有三种不同的处理方法，第一种，三个房间的墙裙贴上新瓷砖；第二种，几个房间的墙裙，目前贴有瓷砖，将其保留；第三种，几个房间做木墙裙。④ 楼地面。根据测绘、专家访谈、史料记载及实物分析得知，大青楼为砖木结构，楼地面均为木制，将目前的水磨石楼地面恢复为木板。⑤ 踢脚。除三个房间内的踢脚贴新瓷砖外，将现在的水磨石踢脚均恢复为木踢脚。

对日常使用磨损最频繁的楼地面进行修缮，通常视现状采取修补或替换的方法。如长春的纪念公会堂，东、南两侧休息厅的地面为水磨石地面，原计划是保留现有地面，用相近材料修复，但考虑到这部分地面破损较严重且并非建筑初建时铺设的，而是后期使用重新装修的地面，所以经专家组讨论决定将这部分地面铲除，重新铺设颜色相近的米黄色水磨石。东侧休息厅通往二层的楼梯和南侧休息厅楼梯保存完好，最终决定保留，破损处用相近材料修补。

从以上实例可以看出，由于室内的相关历史资料一般比外观少，而且在使用中变化和改造的可能性更大，在对近代建筑遗产进行内部修缮时，或多或少都存在推测和复原重建的部分。

六、结构改造

由于近代建筑遗产普遍超过使用年限，结构强度达不到使用标准，不满足现行规范和抗震要求，因此在保护利用工程中都会伴随着结构加固、结构替换等手段。近代建筑的结构体系大致可分为：砖木结构、砖混结构、框架结构、铸铁或钢结构。对近代建筑遗产的保护利用，必须进行全面的结构检测，在此基础上决定加固措施。

（一）补强原结构体

常用附加材料加固法包括外包钢、外包混凝土、碳纤维加固、增设梁柱、钢筋网加混凝土法加固等。

哈尔滨和平邨宾馆（马忠骏公馆）改造工程，对于较小的及验算强度不足的墙垛，采取了常规的外包钢加固方法：四周包角钢，用扁铁焊箍，然后用高强度细石混凝土灌实。即通过钢砌体四角包裹，达到增加结构抗力和构件性能的加固方法。

外包混凝土、增设梁柱、钢筋网加混凝土加固墙体等方法的原理是增大原结构体截面积，从而提高构件的性能。由于保持建筑遗产历史风貌的需要，采用钢筋网加混凝土加固墙体时，对建筑外墙采用单面法加固内侧，内墙采用双面法加固。

与传统加固修补技术相比，钢筋网加混凝土加固墙体具有明显的技术优势，更适合于近代建筑遗产的加固。近代建筑大部分为砖墙体，强度较低，钢筋网混凝土加固可以大大增强其刚度，而且有良好的耐腐蚀性及耐久性，可以抵抗建筑物经常遇到的各种酸、碱、盐对结构物的腐蚀。此种加固方法的施工质量易得到保证。由于钢筋网比较柔软，即使加固的结构表面不是非常平整，也基本可以保证有效粘贴率，因此在近代建筑遗产修缮中使用较多。例如，1994年在对上海大北电报公司大楼进行修缮时，就加固了砖墙竖向裂缝处。承重砖墙裂缝严重处重点加固，凿去疏松部分，用细石混凝土嵌实，并加2 mm厚钢筋网片粉刷。并每隔50 cm在裂缝处加设钢扒钉，用膨胀水泥砂浆固定。

（二）结构替换

结构替换按程度可分为三类：①替换结构构件；②增加结构对原结构卸荷加固；③用新的结构体系代替原结构体系。

替换结构构件加固法主要采用钢构件、钢筋混凝土构件替换原已损坏的木质、砖砌体构件。近代砖木建筑修复实践中应用最多的是用现浇钢筋混凝土楼板替换原有木楼板的方法。例如，在哈尔滨花园小学建筑的结构改造中，原木楼盖全部采用现浇钢筋混凝土楼盖代替，原木屋架全部用轻型钢屋架代替。

卸荷加固是通过增设新结构或新的结构件与原结构共同工作，分担建筑物荷载的一种加固方法。在原金陵大学礼拜堂的整个结构加固工程中，用新建独立性钢结构楼座替换原木结构楼座，这样既减轻了原砖石结构体系的负荷，又充分发挥了钢结构的材料优势。抽掉了原来位于室内底层观众厅中部两根严重阻碍视线的钢管立柱，大大改善了其室内空间使用效果。

用新的结构体系来替换原有结构体系，如在保持外立面不变的情况下，用钢筋混凝土框架结构或者钢框架结构替换砖木结构，俗称"热水瓶换胆"。例如，上海外滩9号原轮船招商总局的改造项目，保留原结构布局及空间关系，主体结构按原位置重做桩基础和梁柱。

在实际工程中，往往视保存状况和未来使用要求综合选择结构加固方法。例如，在北京大学档案馆的结构加固中，因内部有大开间书库的实际使用需要，考虑采用边柱附设混凝土短墙加固，中柱和楼面梁采用湿法外包钢加固。

七、设备更新

近代建筑遗产大多存在设备老化或设施不足的问题，保护修缮时应主要对旧建筑的通风、采光、上下水、空调、采暖等进行改造更新考虑。在近代建筑遗产保护中，保护等级高的建筑倾向于把新增设备隐藏，或与建筑分离，以保证建筑的完整性。例如，上海外滩 12 号的内部设备更新，利用地下室布置管线，将原建筑通风口改造为空调风口，另外结合各房间的装饰安装风口。室内设备改造时，利用原有采暖柜和地柜设置风口，利用吊顶装饰设置排烟口。

八、改建

改建是保留原建筑中最具特色的部分，并根据新的功能要求对其余部分施以不同程度的变更，广义上包括对设备和材料的更新以及对空间的重新组织。物理措施中的改建特指改变建筑空间组织、平面布局的改造。使用新材料和工艺对室内空间重新划分和装修，或结合结构置换完全改变内部空间，在理论上适用于功能及用途改变大、保护等级低的建筑。

一般程度的近代建筑遗产改建，如原汉口商业银行改造为图书馆，使用隔墙重新划分了部分空间。程度略深的改建，如南京中央大学生物馆将二层评图室以架空形式向外扩大直抵后楼外廊，其屋顶平台正好将三层的多媒体教室与后楼的阶梯教室连成整体，可作为学生课间交往活动之用。具体操作流程为先从地基升起立柱，直顶二层楼面，再添加横梁形成承重支撑体系，然后拆除门厅两侧墙体，实现门厅空间的扩大。拆除重做的主楼梯显露在门厅之中，空间形象大为改观。

九、扩建

（一）扩建的定义及分类

扩建是指在原有建筑主结构基础上，或在与原有建筑关系密切的空间范围内，对原有建筑功能进行补充或扩展。不仅要考虑扩建部分自身的功能和使用要求，还必须处理好与原有建筑遗产的内外空间形态的联系及过渡,使之成为一个整体。扩建具体包括垂直扩建、水平扩建和地下扩建。其中水平扩建和地下扩建不影响建筑物原有外观或主立面,应用较多。

对建筑进行扩建的原因有很多,根据实例进行归纳,主要包括三种情况。

第一,由于原建筑自身功能需要而进行的扩建。这种情况下扩建部分与原建筑物功能基本一致,因此在平面布局、空间划分、尺度及立面造型等方面与原建筑有较多的共同之处,如上海跑马总会作为图书馆、美术馆使用后进行的扩建,哈尔滨秋林公司早期进行的垂直加层扩建。也有一些此类扩建采取不同的造型风格,以区别新旧,如上海同济大学"一·二九"礼堂的扩建。

第二,由于原建筑使用功能的改变而导致的扩建。此时扩建部分的功能对平面、空间、尺度、立面等方面提出的要求常常与原建筑不同,因此扩建后如何处理新老建筑的关系非常重要,如北京前门23号原美国公使馆的扩建。

第三,几栋建筑组成新的建筑功能而进行的连接和扩建,如汉口金城银行与金城里建筑组合扩建为武汉市美术馆。

(二)武汉美术馆扩建工程

金城银行是我国近代著名建筑师庄俊的作品,建于1930年,具有西方古典主义风格,为武汉市一级保护建筑。位于金城银行大楼后的金城里与大楼紧密相接,是当年银行的员工宿舍区,为武汉市二级保护建筑。金城银行和金城里位于中山大道南京路和黄石路之间,临中山大道、保华街,呈三角形岛状,地理位置十分重要,周围还有大量成片的重要保护建筑。2004年,金城银行大楼和后面的金城里一同被改造成武汉美术馆。

改建方案保留了原金城银行和金城里的外立面部分,改造了建筑的内部,以适应美术馆的需要。将三角形岛上的加油站和石油办公楼拆除,形成一个广场和大的玻璃中庭。玻璃中庭和扩建的玻璃体与原建筑形成强烈对比。

老建筑厚重而沉稳,新建部分轻巧活泼。老建筑保留了具有历史和景观价值的外立面,内部加建了一层地下层,一层作为藏品库使用,从原入口可以直接进入二层展厅,三层作为阅览部分,四、五层办公,中庭作为休息展示区。

占据着重要地理区位的历史性建筑,其所经历的历史事件和突出的地理位置,使之具有重要的象征意义和历史纪念意义。对这类建筑的改造可以提升其所在的整个历史区域的文化品质，为该地区的发展带来契机。金城银行和金城里的整体改造方案将几座近代建筑遗产作为一个整体，实施整体设计方案，使得历史性建筑、街区功能乃至整个相关历史街区的历史文化都得到了相应的保护，从而带动该历史风貌区的复兴。

近代风貌的城市不乏近代建筑，但从目前的状况来看，都只是自身的再利用，尽管其利用和保护都达到国家和地区所规定的基本要求，但对于周边环境乃至整个街区的发展却并没有做出贡献。从武汉市美术馆的改建和扩建来看，长远的区域性的保护和发展、历史环境的存留，相比于对单个历史性建筑独立的保护利用，可以为历史街区复兴带来更大的效应。

第五章　建筑遗产保护规划

第一节　建筑遗产保护规划的概念和体系

近年来，建筑遗产保护得到了广泛的重视。但是有关建筑遗产保护规划的制度和要求并不健全，使建筑遗产保护的质量受到了不同程度的影响。建筑遗产保护规划和一般的城市规划有所不同，但是在《浙江省历史文化名城保护规划编制要求》和《全国重点文物保护单位保护规划编制要求》出台以前的很长一段时间里，建筑遗产保护规划的各种要求与普通的城市规划在编制格式和层级划分等方面基本上没有差别。而上述两个编制要求也仅限于对建筑遗产保护规划的审批层级和文本格式做出规定，并没有真正深入到规划本身。建筑遗产保护规划的特殊性至今仍然没有在更大范围的编制要求和审批制度上有所体现。

传统建筑遗产保护规划的实现过程非常简单，通常是"政府委托—规划编制—规划实施"，可以称之为简单的"三段式"体系。

政府的意愿会在建筑遗产保护规划委托和论证的时候施加给规划编制单位。这种意愿可能是合理的，也可能是不合理的，并且这种意愿是否合理又没有统一的依据和标准，也没有任何规定和标准对其进行检测。在三段式体系中，政府对规划施加的影响具有权威性。

规划编制是核心环节，也是唯一的技术环节。在过去很长一段时间内，建筑遗产保护规划都更接近传统意义上的规划，规划的重点对象是环境风貌、建筑本体以及相应的历史和环境要素。可以说，传统保护规划对实物要素和时空主体的研究是相当充分的，但对社会和经济等方面的问题却缺少理性的和定量的分析。在解决社会和经济问题时多数是凭规划人员的经验和主观判断，或者服从于政府官员的主观意愿。因此，当保护工作出现问题时，人们通常会把原因归咎于规划质量问题或政府的不恰当干预。其实，这并不是产生问题的真正原因。真正的原因在于现有的建筑遗产保护规划体系和新的需求之间存在矛盾。

　　建筑遗产保护的第一次需求产生于 20 世纪 90 年代。迅猛的城市化进程对建筑遗产产生了严重威胁，大量的建筑遗产保护工作被迫展开。这一阶段是建筑遗产损失最严重的阶段，也是保护工作真正开始的阶段。对于保护而言，迫切需要解决的是古建筑生存空间、保护意识、保护思路及法制等问题。由于这一时期规划的编制无论在量上还是在质上都没有达到一定的水平，传统的三段式体系并没有暴露太多的问题。

　　进入 21 世纪以后，建筑遗产保护出现了第二次需求。经过多年的洗礼，留存下来的优秀历史建筑的生存问题已经不再是最主要的问题。如何应对复杂的社会、经济现象，引入先进的管理手段和管理工具，利用和整合各种社会资源，以及如何拓展保护工作的内容，加强技术手段，切实保护好现有的建筑遗产，减少不可逆转的损失，成为这一阶段的新需求。

　　新需求与以往的要求的本质区别在于：社会现象的复杂性引发的不确定因素和不可知因素增多，这要求规划成果要适应复杂的现象并增加精确性和可控制性。在新的需求下，建筑遗产保护发生了质的变化，它不仅仅是空间和实体的保护，而且是调和复杂社会现象和保护要求的一种行为。原有的规划体例和生成过程已经无法承担全部任务了，它需要更多的环节，以便整合更多的资源，解决更复杂的矛盾。因此，在传统规划生成过程的前端、中间和后端都产生了外延，形成了一个大致由"咨询—委托—咨询—规划—预测—实施—使用管理和维护"组成的过程。其中的每个环节都应该以制度的形式确立下来，取代简单的三段式体系。

第二节　历史文化名城名镇名村的保护规划

　　中华民族历史源远流长，其历史文化遗产是宝贵的不可再生的文化资源，是中国社会、文化和科技发展的历史见证，也是世界历史文化遗产的重要组成部分。保护好历史文化遗产，对传承、发展中华文明、增强中华民族凝聚力、实现中华民族文化的伟大复兴，起到不可估量的作用。全面系统地对历史文化名城名镇名村的保护体系进行规划研究，对于系统完善地认识和保护中华民族的历史文化遗产具有重要的意义。

一、历史文化名城名镇名村保护的重要意义

（一）历史文化保护是彰显文化自信的重要抓手

"源浚者流长，根深者叶茂。"文物是不可再生的文化资源，是中华民族永续发展的历史见证。保护和继承文化遗产，是历史和民族赋予当代的神圣使命。我们应深入学习和贯彻文物保护的相关精神，进一步加强文物保护，传承文化遗产，进一步夯实民族根基，增强文化自信，用历史文化的力量推动城市发展进步，谱写伟大复兴的新篇章。

（二）文物是历史文化的重要载体，是科技创新的源泉

历史文化的重要体现就是文物，与此同时，历史文物也是科技创新与文化创意的主要源泉，文化创新的发展依托历史文化的启迪。大量历史科技和文化历史在当代仍然被不断地借鉴与传承，为当代科技、文化、艺术的持续进步打下基础。

（三）文化遗产是城市可持续发展的重要内容

保护和弘扬历史文化遗产是每个公民应尽的责任，历史文化遗产不仅属于当代，还属于子孙后代。城市的历史遗迹、文化古迹和人文底蕴共同延续了城市文脉，积累了城市底蕴。在存量规划背景下，在推进旧城改造的同时要注重保护历史遗迹，使历史文化与现代生活成为有机融合体。

二、历史文化名城名镇名村保护存在的主要问题

（一）重视不够与品牌定位模糊

部分地区对于历史文化保护工作的重要性认识不够，多数历史文化名城以"就保护论保护"为主，缺乏统筹考虑，对工作的复杂性缺乏必要的准备与认识，从而导致保护工作在部门协调、后勤投入等方面存在不足。各历史文化名城、名镇、名村均缺乏针对性，尚未围绕自身定位开展相关文化宣传和打造文创产品，文化品牌的宣传稍显不足。各历史文化名城、名镇、名村可以学习敦煌市代表性的敦煌文化、天水市代表性的始祖文化，通过历史文化元素从细微处体现城市定位与文化品牌。

（二）规划编制稍显滞后

各历史文化名城虽然不同程度地编制了"历史文化名城保护规划"，但是规划

均需要进一步推进与改善。

（三）法律法规以及相关条例待完善

各名城已出台了一些管理条例来加强历史文化名城管理工作，但是并没有统一的相关法律法规以及条例体系。例如，甘肃省武威市编制了武威历史文化名城名镇名村保护条例，而甘肃省的其他城市暂时并没有出台名城保护条例。在名城保护管理工作的推进中，各名城应当积极依据实际情况制定相应的保护条例规章。

（四）资金相对较少，保护工作难推进

需要在完善历史文化名城保护资金投入机制、保障公共财政投入的同时，引导社会资本积极参与。近年来，虽然各历史文化名城投入了一定的历史文化保护工作资金，但总体而言仍存在一定的资金缺口。因此，一些县级及未核定文物因资金受限受保护程度不够，导致损毁或消失现象时有发生。

（五）活化利用情况不容乐观

总体而言，活化利用现状普遍存在以个体建筑单体改善功能为主、缺乏与周边环境的有机联系、功能较为单一的问题。在对文物保护单位与历史建筑的活化利用中，历史资源挖掘形式单一，缺乏创新。在历史建设及文物保护单位开发利用过程中的人文关怀不足。例如，开发保护过程中对原居民往往采用搬迁的形式；部分历史建筑的开发利用也存在轻文化传承、重商业开发的现象。

三、完善历史文化名城名镇名村的保护规划

（一）提高认识，加强政府管控

摸清家底，完善建档体系。按照市县镇村的四级管理体系，开展名城名镇资源的全面普查，全面掌握资源家底，为丰富和提升历史文化资源保护夯实基础。完善各名城文物保护单位、历史建筑的建档工作，构建完善的建档体系。

强化责任，健全管理体系。成立历史文化名城保护委员会，设立历史文化名城保护办公室，具体承担名城保护、街区保护的工作协调职责。将历史文化名城名镇保护工作纳入政绩考核体系，健全名城监督检查制度，提高名城保护的质量和水平。

加强监督检查，加大城乡规划和文物保护执法力度，对违反《中华人民共和

国文物保护法》《中华人民共和国城乡规划法》和《历史文化名城名镇名村保护条例》有关规定的行为，严肃依法查处；依法拆除严重影响街区保护和文物保护的违法建筑；依法依规追究相关责任人的责任。

深挖名城价值，明确文化定位。明确各历史文化名城的文化发展定位，围绕定位开展针对性的文化宣传和文创产品策划，突出地方特色与差异性。加强历史文化名城之间的联系，彰显历史文化名城名镇名村各具魅力的特色。

（二）加强宣传，建立专家制度

增强宣传力度，营造历史文化氛围。加强对历史文化名城的宣传，提高历史文化名城的知名度和影响力。建议成立由民间力量组成的"历史文化名城保护与发展咨询小组"，小组成员由热爱当地文化、熟知古城历史、懂得传统民居建造知识的民众组成，随时监督古建筑的修护、重建与整治等工作，以保证历史文化名城的古建筑在修缮与保护过程中保持原真性，达到修旧如故的目的。咨询小组有权利指出当地历史文化名城在保护与发展过程中的各种问题，并提出自己的意见，名城保护管理办公室对此要予以调查和答复。

建立名城专家咨询制度，加强名城保护工作监督。成立历史文化名城保护咨询专家组，为名城、历史文化街区保护提供专业咨询和技术指导；同时设立历史文化名城保护办公室，具体承担名城保护、街区保护的工作协调职责。对名城保护范围内的建筑，应当组织专家编制群众易懂的指导图册，以直观的图形结合简洁明确的重点要求，引导群众对历史文化名城的认识理解。

针对历史建筑中传统民居建筑以土木结构为主的特色，应当组织地方专家深入研究建筑材料及结构特色，针对具体的房子提出一对一的修缮技术指导，并研究新的技术，使修缮工作既能保证建筑风貌的历史特性，又能加强抵抗自然损坏的能力。

（三）规划引领，夯实工作基础

坚持规划引领，建立完善的保护规划体系。依托各名城编制"国土空间规划"的契机，尽快启动规划期至 2035 年的历史文化名城名镇名村保护专项规划编制工作。加快各个名城历史文化街区、文物保护单位和历史建筑改造实施的修建性规划编制与审批工作，按照规划实施细则，对历史文化街区、文物保护单位和历史建筑加以整治。

统一规划先导，严格规划实施。对于历史文化街区的保护更新，应严格落实保护规划的相关要求，严控刚性指标。近期以历史文化街区的保护为主，远期开展建设控制地带和协调区的保护更新。

四、完善法规，坚持依法行政

严格执行法律法规，加强文物保护工作。严格执行《中华人民共和国文物保护法》《中华人民共和国城乡规划法》《城市紫线管理办法》《历史文化名镇名村保护条例》等法律法规，依法划定并明确各文物保护单位保护范围和建设控制地带，严禁在文物保护范围进行任何建设活动，严格控制文物保护单位建设控制地带的各类建设项目，严格控制历史文化街区开发建设，坚决杜绝私拆私建等违法违规行为发生。

制定激励机制，鼓励修缮历史建筑与传统院落。根据不同历史街区内传统民居院落的具体情况，制定有关政策和多种实施模式，改革现有房屋管理体制。针对历史城区内的历史文化街区，鼓励小规模、渐进式的民居修建，为整治房屋的户主设立专门的低利率贷款，用于房屋的整治与维修。尽量考虑保留老住户，对私房居民，鼓励自己维修，政府进行补贴。对无力自修的居民，则考虑收购或置换房产，使人口外迁。

五、资金支持，鼓励社会资本积极参与名城保护工作

加大政府支持力度，加强多元化的资金支持。将历史文化名城的保护和管理工作纳入国民经济和社会发展规划，并将历史文化名城保护专项资金列入市县一级财政预算，尽快开展对破损严重、存在安全隐患的文物保护单位、历史建筑的保护性修缮工作，保持传统的历史空间格局和风貌环境。

积极探索多渠道融资，探索由地方政府、管理部门和社会资本三方共同出资的有效方式，解决名城名镇保护利用的资金短缺问题。例如，天水市为加大历史文化保护力度，专门成立了天水名城保护投资发展有限公司，主要负责名城保护规划、基础设施开发利用等来为文化保护工作注入活力。另外，通过向全社会发行信托与债券等融资手段，进行大型文化遗产项目的开发，是国内外普遍采取的一种方法。

建立多元化的历史文化名城保护投入机制，引导社会团体和个人积极参与文化名城保护和建设。应结合各名城的实际，在法律法规层面给予支撑，制定如《东

莞市历史文化名城保护社会资金引入暂行管理办法》等，使进入历史文化名城保护的社会资金来源和使用规范化，形成政府主导、多元投入共建共享的历史文化名城保护平台。

六、统筹协调历史保护与城市发展的关系

（一）加快历史文化街区人居环境的改善

积极稳妥推进历史城区、历史文化街区人居环境改善工作。启动历史文化街区综合环境提升工程，科学制定完善基础设施和提升公共服务设施的年度工作计划，按照先地下、后地上的原则，根据轻重缓急合理确定项目安排，完善改造细节，增强人民群众的获得感。

（二）立足实际，大力发展文创产业

调整优化文旅产业布局，最大限度地体现历史文化名城的个性与光彩，提升旅游产业的成熟度。积极谋划和实施文保单位、历史建筑数字化保护项目，确保文物安全和合理利用。加强非遗保护传承工作，夯实非遗保护工作基础，推动非遗资源普查常态化，深入推进非遗与旅游融合发展，丰富文化旅游业态，创新传播方式，发挥微信、短视频、直播等新媒体的独特优势，加大非遗宣传的传播力度。

第三节　历史文化街区的保护规划

近年来，随着经济的快速发展及人口的增加，历史街区文化遗产赖以生存的环境正日益受到侵蚀。目前的历史文化街区保护规划中采用的大多是传统方法和手段，使得历史文化街区保护规划无法做出科学的分析和规划决策，从而导致一些规划设计总体质量不高，城市发展面临巨大的开发压力。由于传统的方法和技术手段难以满足当前历史文化名城保护规划形势发展的需要，因此探索用新技术、新手段来解决历史街区现状调查、保护规划编制与管理中遇到的问题成了当务之急。

一、历史文化街区保护的研究现状

随着数字技术的飞速发展，历史文化街区保护在观念上的更新和手法发生了

全新的变化。刘松通过对传统城市历史文化街区保护方法的研究，结合数字技术定位、定量准确可靠的特点，提出建立相应的数字分析预测系统的构想；胡明星以镇江市西津渡历史文化街区为例，详细介绍了 GIS（地理信息系统）技术在文化资源管理中应用的具体过程，并做出对古村落保护管理系统的必要性分析，探讨系统软件平台选择、总体结构、系统数据结构设计等问题。历史文化街区作为中国历史文化名城保护体系的核心内容，已经成为城市规划学、建筑学等学科的重要研究对象。

二、历史文化街区保护规划概述

（一）历史文化街区的相关概念

经省、自治区、直辖市人民政府核定公布应予重点保护的历史地段，称为历史文化街区。历史文化街区应具备保存文物特别丰富、历史建筑集中成片、能够较完整体现传统格局和历史风貌，以及构成历史风貌的历史建筑和历史环境要素基本上是历史存留的原物，并具有一定规模的区域。

（二）历史文化街区的构成要素及特征

1. 历史文化街区的构成要素

历史文化街区的构成要素共包括四类：①建筑，历史形成的各类建筑及对历史环境有积极意义的建筑；②空间，主要指历史形成的道路与街巷系统及其线形、宽度、空间尺度、景观特征与各类公园、街头绿地、绿化庭院、古树名木、广场、街道交叉口等；③肌理，主要指历史形成的街巷、建筑及其布局所形成的城市肌理特征；④重要的历史场所，以及其文化、生活、社会结构、非物质文化遗产等。

2. 历史文化街区的特点

历史文化街区不是一个场地，却是一个城市空间的"场所"，因为它会与城市昔日的社会、文化、历史人物之间发生关联，让我们能睹物思昔，从中获得文脉的意义，凸显出一个城市的地域特色和悠久历史。

作为社会空间，历史文化街区展现出场所的空间与场所精神。历史文化街区作为一个场所，以规模、布局、尺寸表现出来空间形态作为社会空间的一个组成部分，能将历史文化和现实生活联系到一起，让人不禁在怀旧的氛围下感受历史环境和城市传统的习俗文化，引发个人感情，形成特有的场所精神，标志着城市的悠久和文明历史。

历史文化街区是展现历史与地域的环境空间。历史文化街区能够展现出它的场所精神，是因为它存在是时间和空间。场所的物理属性包括两部分，即空间和其地域特色。空间是指构成场所边界的主要元素，地域特色是形成场所的主要因素。之所以说历史文化街区是展现历史与地域的环境空间，是因为它唤醒了人们对昔日美好生活的记忆与感情，实现了人们对于不同文化的体验需求。

历史文化街区是以市井文化为特征的生活空间。历史文化街区是一种活态的城市遗产，让我们隐约可以感受到城市历史的发展脉络和独特韵味，它一直参与城市的现实生活，保有着历史真实感。所以，除了空间物理属性外，它是一座充满生活感情、想象与热情的历史文化区。就像法国著名城市社会学理论奠基人利列斐伏尔说的一样："日常生活是一切活动的汇集处、纽带和共同的根基。"

3. 历史文化街区保护规划的内容

包括历史文化街区整体空间环境,如街巷布局、整体风貌、街区空间环境等；古旧街区、地段、居住区、文物古迹、古树名木、近代史迹和具有纪念意义的历史性建筑；街区内的风景名胜、传统文化、民间工艺、地名遗存和民风民俗等文化遗产。

三、历史文化街区保护规划历程

（一）历史文化街区保护规划萌芽时期

工业革命的出现加快了城市建设，但也对一些具有珍贵历史价值的街区和环境造成了严重破坏，在这之后，人们对旧城复兴和住宅生活环境改善的重视程度逐渐提升。我国自古代起便对古董和文物开展了相关保护工作，尤其针对宫殿、寺庙以及衙署等象征权力和宗教的建筑，定期开展维修工作，以使其使用寿命得到延长。现代意义的保护工作最初源于对我国古建筑的考古研究，之后进入历史文化街区保护规划的萌芽时期。在该时期内，我国主要对单体建筑、遗迹和构筑物等进行保护，但对周边风貌和文脉则存在一定的忽视，因此所采取的保护策略多从控制性保护层面出发，并从城市保护规划体系中的物质层面进行历史文化街区的景观改造工作。

（二）历史文化街区保护规划完善发展时期

20世纪50年代以来，人们对历史文化街区进行了部分综合性的开发、拆除，并重新规划了相关城市道路。这种现象最终引起了人们的反思，进而引发了历史保护运动，政府层面和公众层面也提供了大力支持，尝试对历史环境实现系统化的保护。在这之后，随着建筑保护体系的日益完善，第二次历史保护的核心逐渐转变为对历史建筑群、建筑环境以及城市景观地域性规划建设，进而实现从保存到保护的过渡，使其能够更好融入城市风貌。我国在此时期尚未实现改革开放，人们对历史建筑的价值也未有足够的认识。之后，随着经济的快速发展以及人们受教育程度的提高，城市历史底蕴的价值开始被重视，大量文物和古迹得到了有效保护。1982 年，我国 24 个城市获得了国务院颁发的"历史文化名城"称号，并兴起了历史文化街区的保护更新风潮。相关专家学者对历史文化街区的保护概念展开研究，但往往多数研究成果局限于保护更新理论、活力复兴以及空间风貌整治等方面。因此，发掘城市历史文化底蕴，对历史遗存进行保护和复建，并将地域性元素融入现代规划理论之中势在必行。

（三）历史文化街区保护规划全面深入时期

当代，历史文化街区的保护规划研究成果和角度变得更加多样，更新模式和实践经验也在不断积累，这极大地丰富了相关保护理论体系。21 世纪以后，历史文化遗产保护人员对相关历史文化街区的功能复兴和强化也加大了关注度，并形成了一系列更新理论，具有动态化和可持续性的特点。历史文化街区所具有的独特性主要体现在其历史基础和现状信息等方面，因此在全面深化阶段，对历史文化街区进行保护规划不仅要实现物质保护和经济振兴，还要恢复文脉和历史风貌。但部分历史文化街区被改造成了商业街区，相关保护措施和模式也存在一定漏洞，对此相关部门需要深入研究如何继承和保护历史文化街区，并有效体现出本土化特征。在对历史文化街区进行保护规划时，需要有效体现出城市肌理、空间形态、场所感以及认同感，从而有效继承和发展艺术与民俗，凸显城市的文化内涵，打造出良好的城市特色形象。这样可以为城市吸引到更多的投资、就业以及旅游机会，使城市更能体现地方特色。

历史文化街区的形象研究经历了漫长的过程，其形象由片面逐渐到完善，保护对象从个体逐渐到整体，保护程序也在不断发展中，从原本的成立保护机构到逐步完善保护章程。与此同时，相关保护理论从最初的启蒙阶段实现部分保护到现在理性阶段达到整体保护、利用、发展。这些都表明历史文化街区的保护研究工作变得更加系统化，有效延续了历史文化街区的文脉。

四、历史文化街区的新时代改进策略

（一）调整规划编制时间

在历史街区的保护开发过程中，规划编制是后续设计的前期准备工作，对后续相关工作的开展也具有制约作用，如果规划编制不够完善，将会对后续设计产生相应的影响。我国历史文化街区的申报和规划编制等相关工作通常要在较短时间内完成，这也导致调查研究的时间相对较短，无法充分、全面、系统地进行调查。尤其在历史文化街区的规划编制和后续设计调查方面，工作人员往往对社会经济、土地利用以及人口信息等十分重视，但对人文环境等非物质要素存在一定的忽视，因此在对同一街区开展调查工作时，其结果往往存在重复性。对此，相关部门需要对规划编制的时间进行调整，延长调查研究的时间，确保相关调查工作的充分开展，这样不仅可以提升规划编制质量，还能够提高后续设计水平，使相关调查结果更具有准确性和代表性。

（二）城市、历史文化街区、社区联动保护

现阶段，我国历史名城保护规划体系主要包括历史文化名城、历史文化街区与文物保护单位三个层次，但在实际开展保护工作时，其保护内容之间存在断层。第一，历史文化街区的保护规划应与城市规划相结合，城市建设应该与该城市的历史文化之间具有相同或相似的肌理组成和历史文脉源头。第二，目前多数城市建设将城市和历史文化街区割裂，但历史文化街区的保护规划应该与城市环境和空间联系到一起，不能忽略历史街区服务大众的功能和用途，因此应将历史文化街区融入人类城市实践中，避免存在局限性。历史文化街区自身大多缺乏基础设施，相关功能的运转无法满足现代化的建设需求，因此通过新老街区之间的联动，可以使历史文化街区的复兴压力得到缓解，使历史文化街区的产业、交通以及经济和基础设施方面的压力得到有效缓解，从而促进历史文化街区的健康发展。第三，历史文化街区所具有的社区功能能够充分体现街区的整体性和有机性，通过保持历史文化街区良好的运行状态，提升整个城市的魅力，带动城市发展。因此，历史文化街区的重点保护工作应为功能性保护。

（三）信息技术应用

在信息时代背景下，历史文化街区的保护可借助互联网，通过对互联网平台

的有效运用，推动相关行业的发展，促进旅游开发。"互联网＋旅游"并非只是二者的简单相加，而是在信息技术发展的基础上，对其进行有效利用，为相关行业构建良好的信息平台，使二者产生有机联系，构建新型生态环境。除此之外，传统旅游功能目前已经无法满足新时代的发展需求，对此，需要借助互联网平台使传统观光旅游向精神文化型和创新型转变，实现"互联网＋旅游"的创新融合，提升旅游业的服务水平，推动旅游产品的拓展，从而提升历史文化街区的经济价值。因此，相关部门需要对互联网平台进行有效运用，将其与历史文化街区旅游进行有效融合，全面提升历史文化街区的商业价值，使更多人了解到相关历史文化遗址，感受城市深厚的文化底蕴，增强人们对历史文化街区的保护意识，促进相关保护工作的深入开展和全面落实。

第四节　文物保护单位体系的保护规划

文物保护单位体系保障系统各项措施的落实，对整体文物保护体系的建设至关重要。文物保护单位防范保障系统主要包括：政策法律保障、标准规范保障、规划与计划保障、机构（组织）保障、经费（财政）保障、科技保障和安防预案系统等，它们是文物保护单位防范工作的依据，是文物保护单位安全的重要保障。

一、政策法律保障体系

文物保护单位防范是文物安全政策的重要组成部分。我国法律法规对安全防范做出了一系列规定，其保障体系是法律、行政法规、地方性法规、规章和国际公约等。

（一）《中华人民共和国文物保护法》的相关规定

2002年10月28日，经第九届全国人大常委会第三十次会议通过修订的《中华人民共和国文物保护法》（以下简称《文物保护法》）对文物安全、防范做出了一系列重要规定。第四条规定："文物工作贯彻保护为主、抢救第一、合理利用、加强管理的方针。"第九条第一款规定："各级人民政府应当重视文物保护，正确处理经济建设、社会发展与文物保护的关系，确保文物安全。"第十条第一款规定："国家发展文物保护事业。县级以上人民政府应当将文物保护事业纳入本级国民经济和社会发展规划，所需经费列入本级财政预算。"第二款规定："国家用于文物保护的财政拨款随着财政收入增长而增加。"第十一条规定："文物是不可再生的文化资源。国家加强文物保护的宣传教育，增强全民文物保护的意识，鼓励文物保护的科学研究，提高文物保护的科学技术水平。"

（二）《中华人民共和国文物保护法实施条例》的相关规定

2003 年 5 月 18 日，国务院公布了《中华人民共和国文物保护法实施条例》（简称《文物保护法实施条例》），自 2003 年 7 月 1 日起实施。该条例对文物保护单位的安全、防范做出了进一步具体规定。如第十二条规定："古文化遗址、古墓葬、石窟寺和属于国家所有的纪念建筑物、古建筑，被核定公布为文物保护单位的，由县级以上地方人民政府设置专门机构或者指定机构负责管理。其他文物保护单位，由县级以上地方人民政府设置专门机构或者指定机构、专人负责管理；指定专人负责管理的，可以采取聘请文物保护员的形式。"

（三）地方性法规、规章的相关规定

在保护文物的地方性法规（综合性或专项法规）中，对文物保护单位的安全、防范都有或多或少的规定，地方性法规、规章也是文物保护单位防范法律保障体系的重要组成部分。例如，2002 年 12 月 7 日甘肃省第九届人大常委会第三十一次会议通过，2003 年 3 月 1 日起实施的《甘肃敦煌莫高窟保护条例》中规定：在敦煌莫高窟建设控制地带内"不得进行影响文物安全及其环境的活动"；莫高窟保护管理机构应当"配备防火、防盗、防虫、防自然损坏等设施"。

（四）国际社会的有关规定

在联合国教科文组织通过的保护文物的国际公约和原则建议中，都有涉及不可移动文物安全、防范内容的规定。例如，加强对公众教育，提高公众保护文物意识，是从根本上进行防范，是做好文物安全防范的重要前提之一。联合国教科文组织 1970 年 11 月 14 日在巴黎通过的《关于禁止和防止非法进出口文化财产和非法转让其所有权的方法的公约》中规定了，"努力通过教育手段，使公众心目中认识到，并进一步理解文化财产的价值和偷盗、秘密发掘与非法出口对文化财产造成的威胁"。联合国教科文组织 1972 年 11 月 16 日在巴黎通过的《保护世界文化和自然遗产公约》中，同样规定了对公众进行教育问题："本公约缔约国应通过

一切适当手段，特别是教育和宣传计划，努力增强本国人民对本公约第一和二条中确定的文化和自然遗产的赞赏和尊重。"

二、标准规范保障

文物保护单位防范标准规范，目前只有公安部 2002 年 3 月 25 日发布，2002 年 6 月 1 日实施的《文物系统博物馆风险等级和安全防护级别的规定》（以下简称《风险等级》），把文物保护单位的安全防范纳入了规定。

（一）《风险等级》的相关规定

《风险等级》规定："本标准适用于文物系统博物馆，也适用于考古所、文物管理所、文物商店、各级文物保护单位。"在一、二、三级风险单位中，分别列入全国重点文物保护单位、省级文物保护单位和市、县级文物保护单位，并规定了技防系统等标准。

（二）制定文物保护单位风险等级建议

2002 年修订公布的《风险等级》，较 1992 年公布的《风险等级》（已作废，GA 27—2002 代替 GA 27—1992）增加了一些新的内容，最主要的是把文物保护单位和世界文化遗产单位纳入《风险等级》范围，为文物保护单位技术防范设施建设提供了标准依据和保障。

但 2002 年《风险等级》对文物保护单位规定的内容，远没有对博物馆的规定详细、具体；对文物保护单位的规定过于笼统，没有针对文物保护单位的不同种类和不同情况做出相应规定，很难操作。虽然在"管理要求"中有关于风险等级认定、审批的规定，但没有比较明确的标准。给执法者自由裁量权太大，缺乏制约，同时在检查监督中也很难衡量《风险等级》的落实情况。此外，在文物保护单位中，许多古遗址、古墓葬和古建筑中的长城、水利设施以及近现代代表性建筑等，如大型遗址和古墓葬群范围内，往往有数以十计的村庄，数以万计的居民在其中生产、生活，一般是无法或无需建设技术防范设施的。

为此，建议在进一步调查研究和总结实施 2002 年《风险等级》情况的基础上，制定专门的《文物保护单位风险等级和安全防护级别的规定》，建立起文物保护单位技术防范体系标准。

三、规划与计划保障

（一）制定文物保护单位技防建设规划

制定文物保护单位防范特别是技防设施建设规划和计划，对保障其技防设施建设发展、完善，保护文物保护单位安全有着重要作用。在 2002 年修订的《风险等级》公布实施之前，由于没有把文物保护单位防范纳入标准范围，因此在前些年制订的文物事业长期发展规划中，虽有落实《风险等级》和达标规划内容，但基本上是指博物馆风险等级达标。

为了落实新的《风险等级》对文物保护单位风险等级的规定，将其技防设施建设纳入规划并有计划地进行，笔者建议：第一，应在制定、修订文物事业长期发展规划时，增加对文物保护单位风险等级达标的规划内容。第二，文物保护单位数量大、种类多、情况复杂，贯彻落实《风险等级》要求，分期分批完成风险等级达标，是一项巨大的系统工程，因此应进一步调查研究后再制定文物保护单位技防设施建设专项规划。第三，由国家和省级文物行政主管部门，分别制定全国重点文物保护单位和省级、市、县级文物保护单位技防设施建设规划。其内容既可以是包括各个类别的文物保护单位，也可以是古建筑塑像、石窟寺、石刻、古墓葬等某类文物保护单位。

（二）制定文物保护单位技防建设计划

文物保护单位技防设施建设规划，只有通过年度计划的实施才能真正落实，否则将会落空，失去规划的效力和作用。特别是经费投入办法的改革，即实行预算管理制，没有列入年度计划的文物保护单位技防设施建设项目，就没有经费投入。因此，应重视年度计划制定工作，省级文物行政主管部门在制定文物工作年度计划时，应把文物保护单位技防设施建设项目纳入计划，争取立项，按计划进行建设。

在此需要特别注意的是，自 1992 年《风险等级》施行的十年来，在安排文物风险等级达标和技防设施建设项目计划时，除个别项目外，基本上都是博物馆技防设施建设项目。自 2002 年《风险等级》实施后，增加了文物保护单位技防设施建设，可能会因为习惯性操作或者对这一新的变化尚未引起足够重视，在制定文物工作年度计划时而未列入文物保护单位技防设施建设项目，那将是一个本来可以避免的损失。

四、机构保障

文物保护单位特别是全国重点文物保护单位和省级文物保护单位的保管机构和人员队伍建设,是文物保护单位各项防范工作落到实处的组织保障。《文物保护法》对文物保护单位应区别情况,设立专门机构或专人负责管理,并做出明确规定,为保管机构和人员队伍建设提供重要法律依据。

(一)建立专门文物保管机构

目前,文物保护单位保管机构从总体上说可分为两种,一种是市县文物保管机构负责该行政区域内文物保护单位的保护和管理工作;另一种是为文物保护单位特别是全国重点文物保护单位和省级文物保护单位建立的专门保管机构,负责该处或几处文物保护单位的保护和管理工作。就全国重点文物保护单位和省级文物保护单位而言,以设立专门机构负责管理为宜,以充分发挥专门机构的职责和保管效能,为该文物保护单位的有效保护、安全防范发挥其作用。

(二)文物保管机构的职责

文物保护单位专门保管机构的主要工作有:文物调查(包括考古调查)、文物保护、维修、藏品保管、建立记录档案、文物宣传、陈列、文物保护单位开放、安全保卫、管理等。由于文物保护单位的类别不同,其专门保管机构的主要工作也有区别。但安全保卫工作是每一个专门保管机构的主要工作之一。

(三)文物保管机构的制度建设

文物保管机构特别是专门文物保管机构,由于其保护管理的对象(不可移动文物)类别不同,在职责方面也有一定区别。每个专门文物保管机构应根据其职责,研究制定各方面的工作规定,建立健全各项规章制度,通过各种规定规范工作,使各项工作有章可循。就安全防范而言,应制定安保人员上岗条件、上岗培训、岗位职责、安全责任、安全检查、安全奖励、责任追究等方面的规定。规定是一种保障,但要执行和落实,才能发挥其保障作用。

市县文物保管机构和文物保护单位专门保管机构是文物事业的基层单位,对这些机构和人员队伍建设应给予高度关注。关注基层,加强基层建设,是做好文物保护、安全防范工作,发展与繁荣文物保护事业的重要前提条件之一,相关部门应当在政策、经费、科技、培训等方面给予支持。近些年来,陕西省为加强文物保管机构建设，制定颁发了《陕西省文物保护管理条例》，对规范文物保管机构的职责和工作，充分发挥保管机构的作用，具有重要的意义。

五、经费保障

经费支撑是文物保护单位防范措施实现的财政保障。根据《文物保护法》规定，县级以上人民政府应当把文物保护事业所需经费列入本级财政预算。文物保护单位的防范是文物保护事业的重要组成。

（一）人防与物防经费

人防经费主要是文物保护员补助费、工作人员夜间补助费等，物防经费主要是安装或加固门窗、建围栏或保护墙等所需费用。这两种经费一般应列入当地财政预算。

在实际工作中，许多地方财政困难，无法解决或者只能解决一部分所需经费，使人防和物防工作受到不同程度的影响，特别是影响了田野文物的保护工作。为了加强田野文物保护，在经费上给予支持，一些省采取了不同措施，效果较好，其方法主要有四种：第一种，列入财政预算。陕西省文物局2001年发文，要求各级政府设立田野文物保护专项经费并列入财政预算。三原县是个贫困县，也将56名文保员每月30元补助费列入县财政预算，由文物行政主管部门分发。2011年，陕西省对文物安全的经费投入达到6900万元。专设打击文物违法犯罪经费300万元，主要用于田野文物巡查、侦破文物案件补助和涉案文物移交的奖励。

第二种，省文物行政主管部门和省财政主管部门共同确定，全国重点文物保护单位和省级文物保护单位的保护员经费，由省财政列入预算，拨给省文物行政主管部门，由其分配下拨；市、县级文物保护单位保护员补助经费，由市、县财政列入预算。如甘肃省自20世纪90年代以来就实行这一政策，效果较好。

第三种，省文物行政主管部门与财政主管部门共同确定，在省文物保护补助经费中，增加重点古墓葬保护费项目，增加文物保护补助经费额度，由省文物行政主管部门分配给有重点古墓葬保护任务的县（市）文物部门，主要解决保护员补助费等问题。如湖北省自2000年以来采取这种办法，取得了较好的效果。

第四种，文物保护单位需要在物防设施投入较多时，一般由省级文物行政主管部门将其列入文物保护补助经费项目，给予补助解决。

（二）技防设施建设经费

文物保护单位根据其级别，分别列入一、二、三级风险单位，按照《风险等级》规定的标准，建立健全技防设施。这是一项巨大的工程，需要投入大量基金，没有经费保障是无法完成的。

为了有计划有步骤地完成文物保护单位技防设施建设项目，首先应制订规划和总预算。笔者认为，这笔经费只有分别列入国家和省级财政预算，拨出专款，由国家和省级文物行政主管部门组织实施，才能有保障。

在国家和省级文物保护补助经费中，可逐年安排全国重点文物保护单位和省级文物保护单位技防设施建设项目，对于风险大、急需建设的技术防范的项目，应优先安排。

第六章　多维视角下的建筑遗产保护与利用

第一节　共生理论视角下的建筑遗产保护与利用

一、共生理论的概念与内涵

（一）共生理论的提出与发展

"共生"这一概念首先出现在生物学中，是由德国真菌学家德贝里于 1879 年提出的。他强调生物之间相互依存的关系，并将共生定义为不同种属生活在一起，进行物质交换、能量传递。

经过后世学者的一系列拓展，如今共生已发展成一个可以适用于多领域的概念。在我国，袁纯清教授率先将共生拓展到经济学领域，在其所著的《共生理论——兼论小型经济》中从区域合作角度出发，从共生单位、共生模式和共生环境三个方面对共生进行了定量分析。胡守均教授在社会学领域运用共生学理论对人与人之间的关系进行了探讨。在建筑学领域，黑川纪章提出的共生思想是最具特色的代表，基于此，他还延伸出"共生城市"的概念，将地球当成一个有机生命体，每个城市是这一有机生命体下的组织，城市之间最好的运行模式是互惠互利的"共生系统"。可以说，目前，共生理论在经济学、社会学、建筑学、环境学等各个领域都发挥着重要的指导作用。

（二）共生理论的内涵

随着共生理论在不同领域中的运用，其内涵也发生了一些变化。

1. 生物学领域

德贝里：共生是不同种属生活在一起；科瑞勒和刘威斯定义了共生、寄生、互惠共生等不同物种生物体之间关系的概念；斯科特：两个或多个生物在生理上相互依存程度达到平衡状态。主要观点为共同生活、互惠共生、相互依存。

2. 经济学领域

奥斯卡·摩根斯坦、约翰·冯·纽曼：赛局理论；袁纯清：运用共生度、共生要素、共生系统分析经济学相关问题。主要观点为共生要素、共生系统。

3. 社会学领域

尾关周二：强调共生、共同、同异质的综合互补；胡守钧：通过斗争与妥协的互动达到共生。主要观点是综合互补、共生关系。

4. 建筑学及城市规划领域

黑川纪章：承认圣域和创造中间领域是共生成立的条件；朱俊成：区域共生是多主体、多层次、多元化的，遵循适度、平等、互惠互利等原则；张旭：城市共生关系是多主体、多层次的共生。主要观点是共生城市、共生关系。

5. 环境学领域

陈锦赐：共生环境是人为的生机环境；李树华：共生和循环是低碳经济社会背景下的城市园林绿地建设思路。主要观点是共生环境、共生与循环。

通过对生物学、经济学、社会学、建筑学、环境学等各领域中共生理论内涵的综合分析，可以总结出一个适用于建筑遗产保护与利用的综合性共生理论概念界定："共生理论"是基于共生双方视角，以建立良性互动并产生相互作用的理论。从共生双方的作用范围来看，共生不仅局限于系统内部，也涵盖系统和系统、系统和个体以及个体和个体之间的关系，强调整体性、多样性共生发展。"共生"并不是指"共栖"这种共同存在却相对独立的情形，也不是指"依存"这种依附一方并且单向交流的存在，而是寻求共生双方之间的共同发展与合作，以期建立起一种互惠共生、积极互动的良性共生关系，最终达到双方共赢的可持续发展状态。

二、共生理论的三要素及其相互关系

（一）共生理论的三要素

共生理论包括三个基本要素：共生单元、共生环境、共生模式，三者之间通过相互作用构建出一个完整的共生系统。

1. 共生单元

共生单元是共生系统的基本单元。每一个不同的共生单元在完整的共生系统中的属性均不相同。为了能够更好地在环境中生存，每个共生单元需要相互连接与互动，形成共生的关系链，并从共生关系中获取能量，实现共同进步。

2. 共生环境

共生环境是由共生单元之外的各种因素共同构成的。根据共生环境产生的作用可以划分为正向环境、中性环境和反向环境。正向环境对共生单元可以产生促进作用；反向环境对共生单元会产生消极作用；中性环境则无作用。

3. 共生模式

共生模式是不同共生单元之间相互作用的方式。不同的共生模式对共生单元的影响各不相同。因此，共生模式可以决定共生单元之间是以哪些方式相互影响。共生模式的形成也包括共生环境对其的影响。

（二）共生三要素的相互关系

共生三要素共同形成了一个共生系统，相互间联系密切、不可或缺。共生单元是共生系统发挥共生效应的作用对象，共生单元的自身特点和共生环境的个别差异都能影响共生模式的最优化营建。同样，共生模式也能刺激共生单元和共生环境的发展。只有发挥共生单元的最大优势，优化内外共生环境，选择恰当的共生模式，才能实现最高层次的共赢共生。

三、共生理论的基本特征

共生理论的基本特征在社会学、经济学、环境学等学科领域都大致相同，其所呈现的特征主要表现在以下几个方面。

整体性：强调事物是整体发展的，属于包容性的整体发展。

多层次性：认为事物是多层次的共生，无论级别高低。

多样性：强调共生的多样性及开放共享，能实现内外的共生和共同繁荣。

共进性：共生单元之间相互依靠和促进，但依然是独立的个体。

自组织性：共生单元根据其固有的需要，自发地形成某种特性相统一的生存方式。

开放性：共生系统中的共生三要素都是开放共享的。

互主体性：共生一方面是异质的融合共存，但另一方面又互相独立，二者之间具有互为主体性。

四、共生理论引入建筑遗产保护与利用的适用性及价值意义

（一）共生理论对建筑遗产保护与利用的适用性

1. 宏观层面：共生是促进建筑遗产与城市共同发展的长久动力

随着城市的不断更新与发展，城市中遗留下来的建筑遗产与城市逐渐成为对立与竞争的关系。破旧的建筑遗产不仅对城市形象具有消极的影响，也占据了大面积的土地。如果不对现存旧建筑遗产采取措施，那么将会变成城市发展的巨大阻碍。

共生理论为实现建筑遗产与城市的和谐共处、相互促进提供了良好的指导与借鉴作用。建筑遗产与城市各自具有的特色机制是二者相互促进与发展的条件，也是建立共生关系的基础。在这一过程中，建筑遗产与城市都需要发挥自己的优势，为共生关系服务，并从共生关系中获得对方的帮助，从而获得更好的发展。因此，从宏观上来讲，共生是促进建筑遗产与城市共同发展的长久动力。

2. 中观层面：共生是促进建筑遗产保护与利用"进化"的根本机制

面对城市与建筑遗产之间的矛盾，众多实践都证明了拆除并不是唯一且最好的方法。在"存量规划"的时代背景下，对建筑遗产进行保护与利用，从而提升价值、传承历史，使其成为城市发展的潜在推动力，逐渐成为建筑遗产保护与利用的主要目标。而共生理论则为实现这一目标提供了强有力的支撑，它主张以激励、互动的方法对建筑遗产进行改造，而非"连根拔起"有利于促进城市建筑遗产的可持续发展。

3. 微观层面：共生理论的特征与建筑遗产特征的耦合性

把共生理论引入建筑遗产的保护与利用之中，不仅符合学科之间的跨界趋势，而且具有典型的耦合性特征。

（二）共生理论对建筑遗产保护与利用的价值意义

共生理论能为解决建筑遗产目前面临的困境提供新的理论视角。在共生理论的指导下，通过营建能够提升城市活力的共生模式、建立正向的内外共生环境、重塑共生单元等方式对建筑遗产进行渐进的保护性更新，释放建筑遗产的价值潜能，这对建筑遗产保护与利用具有重要的指导意义。

1. 有助于延续建筑遗产的历史文脉

与大拆大建的方式不同，在共生理论指导下的建筑遗产保护与利用强调通过

建筑遗产与城市的相互作用构建一个共生共荣的系统，并不会破坏建筑遗产的文化背景内涵，新旧单元、环境的共生也可以有效控制再利用对建筑遗产的影响。因此，共生理论的引入有助于延续城市文脉，增加城市的多样性。

2. 有助于丰富建筑遗产的功能业态

目前，建筑遗产表现出单一化的状态，如何在建筑遗产中系统地形成多样功能被认为是其保护与利用的关键。共生理论倡导对不同的元素进行整合，在其指导下，通过调整建筑遗产功能，使之与周边业态互补与融合；通过对不合理功能布局的优化，改变其混乱的现状，使建筑遗产朝着多样性与复杂性的方向发展，有利于促进整个城市业态空间的共融。

3. 有助于带动建筑遗产、周边与城市的共同发展

基于共生理论的建筑遗产保护与利用可以带动其自身、周边区域与城市系统的互动，在整体与和谐的基础之上进行互惠共生，进而实现共生的多样化。通过人们活动与城市生活的融合，带来三者之间的紧密联系，最终实现建筑遗产、周边区域及城市的共生共荣。

五、基于共生理论的建筑遗产保护与利用体系构建

（一）建筑遗产保护与利用的共生要素

1. 建筑遗产的共生单元

共生单元是构建与城市共生的建筑遗产设计的重要内容之一。它由三个部分组成：建筑单元、景观单元和公共设施单元。在建筑遗产共生单元这个小型系统中，三个单元之间关系紧密且互为补充，以实现共同进步，获取更好的发展状态。因此，在建筑遗产保护与利用的过程中，应重点关注共生单元之间的和谐与共生关系。

2. 建筑遗产的共生环境

建筑遗产在城市这个大系统中，它的交通、文化、生态等各方面的情况都与城市的发展密切相关。并且，建筑遗产共生单元之间的关系及相互作用，也是在一定的环境中产生和发展的。积极正向的共生环境可以促进共生模式的形成，反之将产生消极作用，影响建筑遗产与城市的良性互动。

3. 建筑遗产的共生模式

建筑遗产的共生模式是指建筑遗产与城市彼此取长补短，以实现两者共同发

展。因此，在共生理论的指导下，建筑遗产应从确定适合自身发展的模式出发，营建共生模式，指导共生环境与单元的发展方向。

4.建筑遗产共生要素的相互关系

在构建建筑遗产与城市共同发展的共生系统中，营建建筑遗产的共生模式是关键，共生环境的整合也对共生模式选择具有指引作用。同时，建筑遗产的共生单元也是城市系统的子单元，是在共生模式中进行物质交换的基本内容。

建筑遗产的共生单元、共生环境及共生模式具有相互的作用力。共生模式的营建一方面应结合工业建筑遗产周边的实际情况，适应社会发展的需求，另一方面需要对共生单元进行详细分析与特征匹配，使之优化协调。同时，要考虑共生单元所处的共生环境对整体共生的影响，整合其有利因素。共生单元与共生环境的优化与整合也不是一步完成的，它们之间的关系表现为共生程度越来越高的过程，同时共生单元之间的关系受到共生环境和共生模式的影响，它会优先选择有利于提高自己的功能，能力强、匹配性能好的环境与模式，并随之发生相应改变。

（二）建筑遗产保护与利用的共生原则

1.整体性原则

共生理论实质上指的是通过共生要素来带动事物本身，并依靠共生环境与共生模式使其融入周边地区，让二者不断从对方身上获得动力来完善自身，促进整体和谐共进的过程。建筑遗产从属于城市空间系统，只有通过对建筑遗产各要素进行优化与重塑，并借助能与城市环境、业态、文化、生态联动的共生环境与城市发展协同的共生模式，实现良性循环的系统，才能维持整体性的共生，最终发挥出建筑遗产的整体效应，并促进其与城市这一整体的共融共生。在此基础之上，对建筑遗产的保护和利用应遵循整体性原则。

2.多样性原则

旧建筑遗产衰败的主要原因就是其职能空间过于单一，仅能为单一产业生产服务。简·雅各布斯在《美国大城市的死与生》一书中提出："多样性是城市的天性。"因此，在共生理论指导下的建筑遗产保护与利用过程中，应通过多样化的业态、形态、模式等不断激发与创造不同的功能和空间，使其既能拥有丰富的功能、个性化的空间形态，同时又能丰富城市的功能业态与活动空间，营造出独特的活动场所与氛围。因此，对建筑遗产的保护与利用也应遵循多样性原则。

3.可持续性原则

共生理论强调对立或矛盾的双方建立起一种互利的关系与共赢的发展状态，它要求不破坏其文化、精神内涵，同时需要将物质层面的要素继续延续下去，具有可持续性。因此，基于这一原则，建筑遗产保护与利用应从以下三个方面出发：第一，历史文脉的可持续，保留建筑遗产中具有历史文化价值的部分，延续其文脉；第二，建筑的可持续，对建筑改造时尽可能保持其原真性，防止大拆大建，降低综合经济成本；第三，环境的可持续，一些建筑遗产由于生产技术落后、生产资料不环保等原因，对生态环境造成了恶劣的影响。基于此，在共生理论的指导下，应对生态环境进行修复，达到环境的可持续性共生。

（三）建筑遗产保护与利用的共生方法

建筑遗产的保护与利用是一项复杂的系统工程，在共生理论的指导下，其共生方法可以分为三个内容：营建共生模式、建立共生环境、重塑共生单元。

营建共生模式：明确城市建筑遗产的相关背景，选择符合建筑遗产自身资源与周边条件的正确发展模式，在弥补以往单一模式的同时，增强城市与建筑遗产空间的互补性，找到建筑遗产与城市实现多维度共生的方向，与城市建立互惠共生的关系，带动城市与自身的共同发展。

建立共生环境：建筑遗产是城市中的一部分，若想使其与城市共生，必须连通建筑遗产与城市的交通、文化、空间及生态等各方面，建立正向的内外部环境，构建完整的共生环境网络，最终提升内外环境的良性互动关系。

重塑共生单元：通过对建筑、景观、公共设施等建筑遗产内部最基础单元的重塑，提升其服务功能、形象水平，并建立共生单元之间的联系与互动关系，促进共生效应的发挥，以便使建筑遗产更好地融入城市生活之中。

（四）建筑遗产保护与利用的共生目标

目前，建筑遗产与城市的联系相对较弱，与城市景观、文化、形式、公共空间等方面的互动缺乏较全面的考虑。因此，建筑遗产的保护与利用在实现完善自身系统的同时，应从整体上与城市达到互惠互利、相互激励、共生共荣的关系，从而实现二者的共同发展。

1.与城市空间及形态互动互利

建立建筑遗产与城市空间之间的互动与支持的关系，使建筑遗产与城市道路、公共交通相结合，增加其可达性与开放性，使之成为城市空间结构的一部分，而不是末端组织或隔绝空间，从而吸引大量人流，同时对城市公共交通起到带动作用，增加城市生活的空间。通过保留城市建筑遗产具有特色与价值的物质环境形态，可以增加城市形态的多样性。

2. 与城市经济及文化相互激励

基于共生理论的建筑遗产保护与利用，一方面不仅要利用特色的功能、产业能带动本区域经济的复兴，而且还应促进周边地区的经济发展，并从城市中汲取能量，实现与城市经济多层次的共生发展。另一方面，建筑遗产是社会发展的见证者，也是文化的特殊载体，具有独特的文化价值。因此，共生理论指导下的建筑遗产的保护与利用不仅需要通过保持其物质实体环境，实现文化的延续，同时也应注重保护其有关的非物质文化，做到精神的传承，从而增加城市文化的多样性，实现城市文化的共生发展。

3. 与城市景观及生活共生共荣

得到保护与利用后的建筑遗产应成为城市景观系统的一部分，并与城市景观在空间、功能等方面达到共享、共融的状态，承担起美化环境、保护生态等职责。此外，从共生理论的多样性、开放性等特征出发，建筑遗产相关设施与活动应不断外化，实现空间的共享，从而促进居民在建筑遗产中驻足与交往的产生，同时带动城市社会生活的开展。

4. 建筑遗产保护与利用的共生策略

共生理论的主要研究内容是共生单元之间的物质交流及合作共生的模式和环境。针对建筑遗产功能模式单一、形象改造同质化现象严重、文脉断裂、环境缺乏活力等问题，基于共生理论，结合共生三大要素与共生方法，从营建适宜的共生模式、建立正向的共生环境、重塑互补的共生单元三个层面来探讨建筑遗产保护与利用的共生策略，并通过加强三者的共同作用以实现建筑遗产与城市、经济、文化的多层次互惠共生。

（1）营建适宜的共生模式

共生模式是事物体现作用的形式，反应作用强度的具体表现。具体到建筑遗产与城市的共生模式，可以将其解读为建筑遗产与城市应该采用何种发展方式，才能使建筑遗产与城市相互利用彼此优势，弥补自己的不足，实现并增强二者的共同发展。

营建建筑遗产适宜的共生模式是建筑遗产保护与利用的首要内容。只有了解现有建筑遗产的共生发展模式，根据其自身特定的条件和发展需求去选择符合自身定位的共生模式，才能充分挖掘其深层价值和潜在功能，让建筑遗产在实现自我提升的同时，实现与城市的共生。

建筑遗产共生模式的分类：①博物馆模式；②景观公园模式；③创意产业园区模式；④混合型共生模式。

博物馆模式是文化展示最直观的窗口，它注重对建筑遗产进行原貌保护，通过展示具有一定历史、文化、艺术等价值的建筑，发挥出建筑遗产的历史文化价值。博物馆共生模式通常包括以下三种类型：①静态博物馆，通过对价值较高的建筑、设施进行保留与展示，引发人们记忆的情感共鸣，充分发挥建筑遗产所具有的历史价值和社会价值。②综合文化博览园，由博物馆、公园、创意办公等多种内容构成，在展示文化的同时，达到教育、旅游、办公等目的。③大型综合展览会场，通过利用建筑遗产的内部建筑空间，结合城市需求合理地融入展示主体，挖掘自身价值进行综合展示。

静态博物馆。静态博物馆由多个室内展览区、景观环境、服务设施等要素组成。场馆在对原有建筑遗产结构体系进行系统分析的基础上进行规划，保留了遗产价值较高的建筑遗产，并将其转化为博物馆展厅，利用遗留下的建筑形式与空间做进一步展示。

综合文化博览园。综合文化博览园通常是由尺度较大的建筑遗产区域改造而成的，它将园内划分为博物馆、公园、创意办公等多个功能板块。它以博物馆为内核，通过对周边建筑遗产进行创意改造、植入办公、休闲旅游等形式，打造创意产业聚集地。

大型综合展览会场。大型综合展览会场是博物馆共生模式的一种特殊形式，它主要针对具有较高技术、艺术、审美等价值，但所承载的历史内涵并不能支撑其进行独立展示的一些建筑遗产。这种形式一般利用建筑空间做成一些综合展示性会场，同时可以与城市发展需求相结合，通过对建筑使用空间的合理利用，整合内外环境，保留原有特征，打造成符合城市需求的大型展览空间，增强其开放性的同时提升人们的参与感。

景观公园模式。景观公园模式也是建筑遗产与城市共生的方向之一，它主要通过对建筑遗产地进行规划与设计，为人们提供多样的休闲活动空间。根据保护利用程度和使用方式的不同，景观公园模式主要分为景观公园、滨水开放空间和城市绿地公园三种类型。

景观公园。景观公园是通过对建筑遗产地上废弃的构件、设施等工业要素进行艺术性加工与再创造，挖掘场地、资源、设施的价值潜能，利用巧妙的手法转化其使用功能的一种形式。它有利于传承历史文化，形成别具特色的城市公园景观。

滨水开放空间。凭借紧邻滨水的区位条件，可以对建筑遗产周围场地的要素进行统一规划与设计，将其塑造成一个承载休闲、运动、娱乐等多功能的城市滨水开放空间。在公共空间的设计上，这种形式强调多种活动空间的叠加，能够增强公共空间的活力与氛围，同时进一步提升滨水环境的品质。

城市绿地公园。城市绿地公园指的是通过对相对价值较小的建筑遗产进行合理修缮与改建，并结合周围场地进行的因地制宜的规划与设计。它能够改善城市生态环境，在为人们提供城市公共休闲空间的同时，实现城市绿地公园的生态复苏。

创意产业园区模式。在国内外工业建筑遗产保护与利用的过程中，采用得最多的就是创意产业园区模式。它主要是针对城市中早期的老厂房、旧仓库等要素进行创意改造，通过对开敞建筑的高大空间进行随意分隔和组合的手法，结合创意产业，将工业建筑遗产改造为私人工作室、商铺、餐饮等特色功能空间。创意产业园区模式通常有"艺术主导型""设计主导型""科技主导型"和"综合主导型"四种类型。创意产业园不同的主导类型所倾向表达的内容有所不同，所呈现的特点也不尽相同，但四种创意产业园区类型都是以人群活动为中心，通过艺术交流、新鲜元素、产品的聚集等方式来吸引人流，达到激活场所公共活动空间的目的。有利于带动城市文化创意产业的发展，增加城市文化魅力，实现城市的繁荣。

需要说明的是，上述这些模式彼此之间并不是孤立、矛盾的，而是一种相互联系、补充的关系。建筑遗产的不同共生模式是构建城市多维度共生发展方向的重要指标。并且，创新建筑遗产的共生模式，整合政府、市场、社会多方力量，才能让建筑遗产与城市发展之间的联系更加紧密，建立起一种更加互惠共生、积极互动的良性共生关系，最终达到城市与建筑遗产的共生可持续发展。

（2）建立正向的共生环境

共生环境指的是建筑遗产区域重要的外部条件，其与建筑遗产之间存在着相互作用，二者通过物质、信息等方面的交流产生影响。然而，这种影响可能会产生促进作用，也可能无明显作用，甚至造成消极的结果。如果想让建筑遗产与城市建立一种正向的互惠共生的关系，则需要对建筑遗产的交通环境、文化环境、空间环境和生态环境进行完善，并强化建筑遗产内外环境的链接，建立内外融合的空间形态，达到整合建筑遗产的共生环境的目的。

（3）协调交通共生环境

为满足过去的生产运输需求，建筑遗产的交通运输体系大多区别于城市道路系统，自成体系，无法与城市串联，也无法满足现有城市系统的共生需求。因此，建立正向的共生环境需要从建筑遗产内外交通环境出发，整合交通环境，增强可达性，从而实现内外交通环境的互惠共生。

（4）对外加强城市道路的连接，与公共交通共生

在现有城市开放共享的要求之下，建筑遗产保护与利用应对场地的围墙进行拆除，打破原有的封闭性。同时，通过打通或增设道路，加强与现有城市道路的连接。建筑遗产与城市道路的对接形式可以分为三种类型：环绕式、分割式、串联式，不同的形式具有各自与道路连接的注意事项。建筑遗产应根据其自身的区位条件和交通状况进行合理的规划，从而通过与外部城市道路进行有效的连接，促进建筑遗产与城市共生效应的发挥。

在对接道路的基础之上，应该健全建筑遗产附近的城市公共交通。在对建筑遗产进行重新改造时，应注重公共交通的规划与后期实施，同时结合周边公共需求，提高公共交通设施的服务效率。一方面，健全周边公共交通工具，强化公共交通的运营力度；另一方面，合理配置多种交通换乘工具，提升换乘效率。最终增强建筑遗产的外部可达性，带来更多人气与活力，实现对外交通环境的共生。

（5）增设交通辅助设施，与道路系统共生

建筑遗产的内部道路虽然有着良好的基础，但从后期的人群需求来看，道路等级较为模糊，缺少人行道路，道路系统整体来说并不完善。因此，在保护与利用过程中，应对区域内部交通系统进行重新规划，实现道路分级、人车分流，保障行人步行的安全感。

近年来，随着人们出行方式的不断变化，共享单车已经融入大众的生活。同时，人们更加关注自身的健康，慢跑等锻炼方式受到了人们的欢迎。因此，在有条件的建筑遗产区域，可考虑将慢跑道和骑行道纳入道路系统之中，打破原先只能"步行"的慢行体系，构建新的慢行系统，将建筑遗产与城市从内部更好地串联起来。例如，上海对民生码头区域的保护与利用，就是在原有道路的基础上，

增加骑行道、慢跑道和漫步道，创造了独具特色的滨江慢行系统，给人们带来了丰富多样的观赏体验。

（6）塑造文化共生环境

文化环境是抽象的、无形的，文化环境不仅包括建筑遗产所遗留的物质、制度和精神文化，也包括其周边经过长时间融合、沉淀所形成的城市文化。然而，由于建筑遗产独特的空间特性，其不像商业文化、宗教文化那样先天根植城市文化之中，处于一个较为独立的状态。但其自身所具有的独特文化魅力是不可替代的。因此，为了完善文化共生环境，一方面城市文化应该"走进来"，通过多样文化活动加强二者之间的融合，赋予建筑遗产新的时代意义；另一方面，传统文化也需要"走出去"，让更多的人领略其内涵，扩大其辐射面。这样才能使多种文化融合，促进建筑遗产与城市的文化共生。

（7）植入多样城市文化，赋予遗产现代意义

多样文化活动是植入城市文化、塑造城市建筑遗产文化共生环境的助推器。通过在建筑遗产区域举办不同的文化活动，如音乐会、戏剧节、文化节等，可以实现城市文化之间的融合与演绎，从而拉近不同文化之间的距离，促进其共生。此外，多样的文化活动还能丰富大众生活，让更多的公众积极参与其中，使建筑遗产成为人们日常生活的一部分，使其具有更大的现代意义。

（8）整合城市多元文化，加强文化产业合作

整合城市多元文化的目的是找到契合点，便于让建筑遗产所遗留的独特文化融入其中，从而使不同的文化资源建立连续性的动态平衡，在提升文化资源的共生关联度的同时，增强城市文化环境的综合实力。

在具有融合性的、多样的文化产业中，人们不仅能够感受到建筑遗产的独特气息，不断传递传统的文化及精神。而且其他文化产业也因建筑遗产的融入而显得别具一格，其吸引力也得到了提升。还可以结合文化旅游产业，让游客在参观建筑遗产过程中，体会到其所具备的历史文化内涵，促进文化的传承。利用建筑遗产发展创意产业，不仅能为创意产业提供特殊的环境，契合其发展需求，而且将城市建筑遗产所遗留的历史文化与现代多样文化相结合，扩大了其空间影响范围。

（9）完善空间共生环境

建筑遗产的空间环境是一个不断变化的小系统，如果想达到空间环境的动态平衡与互利共生，可以从保留空间标志物、重构空间边界等思路出发，让每个环

节都互为补充，在此基础上完善建筑遗产的空间共生环境。

（10）保留空间标志物，提高可识别性

建筑遗产独特的空间标志物是展示其形象的第一张名片，反映出城市建筑遗产背后所代表的厚重历史与文化。一方面，它可以让人们用更直观的方式了解建筑遗产；另一方面，它能从外观造型上提高建筑遗产的可识别性，达到丰富城市天际线的效果。

（11）重构空间边界，实现开放共享

空间边界是建筑遗产空间环境的围合状态，分为开放式、半开放式、封闭式三种。空间边界的开放程度会影响人们对建筑遗产空间的感知程度。因此，在建筑遗产保护与利用的过程中，为了让建筑遗产空间更好地融入城市空间，与大众共享，应将其改造为开放式或半开放式边界。前者是基于建筑遗产所承载的功能的变化，拆除其原本"刚性"的边界，将其改造为更符合现代人群需求的"共享"的边界，可用绿化带、人行道等进行边界空间的分隔处理。而后者则是针对建筑遗产中一些不适合完全开放的复杂环境，通过适当将封闭边界转换为半开放式边界的方式进行改造，多用在一些商业空间中。如将严实的土墙改造成透明的篱笆墙，这样不仅能形成一个独立的空间，也没有与周边的空间环境产生违和感。

第二节　生态视角下的建筑遗产保护与再利用

生态这一概念最早源于古希腊，被解释为"家"或"我们的环境"。换言之，生态就是指一切生物的生存与发展状态，以及生物彼此间和生物与环境之间紧密相连的关系。"生态"一词也常被人们用来定义很多美好的事物，如和谐的、健康的事物皆可用其修饰。生态建筑就是将建筑看成一个生态系统，使物质、能源通过建筑的生态系统有规律运作，在其生命周期内减少环境污染、节能减排、低碳运行、使用环保材料，保护其生态环境，实现低消耗、零污染、高效能、人性舒适的生态环境。

一、生态视角下建筑遗产保护与再利用的价值分析

最初人们对建筑的了解是以满足生产需求为前提，从而兴建一个实用、功能

强的生产空间，建筑的生态性能、艺术形象地位等则处于次之。随着社会的不断发展和进步，人们对建筑遗产在现今城市发展中所延续下来的历史文脉以及生态、环境等价值更为关注，它体现了对历史的尊重和追忆，展现了一种与城市共荣共存的可持续发展理念。

（一）历史和社会价值

建筑遗产是城市历史进程中值得被记忆的宝贵财富，记录着城市的历史和地区经济的发展，应当对其重视、保护与再利用。就像凯文·林奇所说的："一个全新的事物，经历了变旧淘汰，再到被闲置、废弃，直到最后它们重获新生，才有了所谓的历史价值。"保护旧建筑的空间结构、材料、风格等具有代表性的历史载体，可以为我们提供时间和空间上的立足点，帮人们留住对历史、文化、生活的点滴记忆。所以对建筑遗产进行保护与再利用，在城市发展的进程中有着重要的历史和社会价值。

（二）经济价值

对建筑遗产进行有利的保护与再利用，城市能充分利用现有基础设施，降低市政前期的开发投资，避免城区二次污染，还可以节约拆除重建所消耗的资金。所以不难看出，对建筑遗产进行保护与再利用相比拆除重建的方法更为省时省力，能够节省资金及劳动力的投入，且建筑遗产一般地理位置较为优越，会使投资者更快速地获取更多的经济效益。一个项目是否可行取决于它的经济价值，对于建筑遗产的保护与再利用也是如此，因其是既成建筑的开发改造，经济价值更为突出。

建筑遗产具有独特的风格特质，以节约成本为首要条件进行改造再利用，有利于提高经济效益。因此，可以借鉴成功的改造案例，从而采取有针对性的改造措施，选取适合的改造材料，这样既节约资源又防止浪费，能使建筑遗产区域的经济持续发展，同时也带动了周边经济的发展。与此同时，生态理念着眼于建筑遗产保护与再利用的经济价值，使建筑不再是一个孤立的"废物利用"过程，而是一种生态改造方式，有助于实现旧建筑生态恢复与经济发展的目标。

（三）生态价值

从生态视角对建筑进行保护与再利用，而不是采取拆除或重建的做法。在不过多破坏原环境的基础上，这种保护与再利用有利于防止大量建筑废弃物流入环境中造成污染，具有一定生态价值和可持续发展的意义。现今，生态这一概念在世界范围内的诸多领域都有涉及，建筑遗产在生态建设趋势的引领下进行保护与再利用，有利于生态环境的恢复和营造。运用生态改造的方式，将建筑遗产与生态节能技术相结合，使建筑遗产在生命周期内减少环境污染、节能减排、低碳运行，成为舒适宜居的生态环境，从而体现其生态价值所在。

建筑遗产保护与再利用避免了废弃物对环境造成的污染以及资源浪费等负面问题，顺应了建筑遗产的可持续发展。所以说保护与再利用是一种可持续发展的措施，达成了空间的再利用与生态环境的恢复，具有较高的生态价值。

（四）生态技术价值

生态技术是一种既可以节约资源与能源，又能降低环境污染的一种手段。将生态技术融入建筑中，充分利用生态学、环境科学等最新科学知识，可以达到保护生态环境、提高现有能源和资源的利用率、减少污染、高效节能等目标，使建筑的再利用注入新的技术体系，从而获得最大利益。生态技术在旧建筑改造再利用的过程中主要以高效进化、开发利用可再生资源为主，通过运用技术手段给人们带来舒适与健康的生活，高效回收具有再利用价值的"废弃物"进行资源转化，将能源投入降到最低，实现资源循环再利用。将生态技术价值利益最大化，以达到保护后的建筑遗产可以低消耗、自循环、促进生态环境的营造。

二、生态视角下建筑遗产保护与再利用方式的模式分析

（一）保护与再利用的基本方式

建筑在建造时会产生二氧化碳、可吸入颗粒物等有害物质和温室气体，拆除重建必定会对环境造成新的污染破坏，从而增加温室效应带来的影响。此外，建筑在拆卸过程中通常会伴随噪声污染，干扰人们的工作、休息，并且拆除后的建筑垃圾大多无法再循环利用，特别是砖混结构的建筑，最多可做垫层次级使用，不可降解的垃圾还会成为环境的负担。曾有研究得出，与建筑相关的环境污染占环境总体污染的近三分之一，所以在提倡环境保护的今天，推行生态视角下的建筑遗产的保护与再利用是一种降低环境污染极为有效的方法。

从生态视角下对建筑遗产保护与再利用的基本方式进行研究，可以归纳出三种方式：第一，保留原有设施、建筑、景观、道路等全部元素特征，并对原先的建

筑和生产设施善加利用，进行修葺与保护，减少环境有害物的排放。第二，保留建筑遗产中的部分构成元素，对具有再利用价值的建筑进行保护，移除那些无法再进行使用和改造潜力的设施、建筑等，尽量采用被动式设计方法，达到减少能耗的效果。第三，对闲置的材料、空间、设施等进行再利用，建筑表皮通过修缮和清洁，突出其原有肌理，并应用到改造中，形成"新旧并置"的再利用效果，减少人力、财力和资源的浪费，体现出资源循环再利用的生态理念，同时赋予其新的生命。

（二）以生态恢复为主的模式

以生态恢复为主的模式是指在对建筑遗产改造过程中引入生态恢复的理念，使部分遭到污染及生态破坏的区域得到有效治理，包括空气、水体、土壤、绿化等多方面的恢复的保护与再利用模式。特别是治理工业用地时，尽量避免大拆大建，可以利用种植植被或通过人工种植等方式来增加地面的植被覆盖，并对景观进行系统的设计，有效降低土地污染，尽可能地将其转变为无害化土地。在对污染的水体以及滨水地带进行处理时，可以通过自然生态循环和人工处理措施净化水体，使其恢复原有生机。运用被动式设计方法，研究该区域原有的小气候特点，如朝向、地形地貌、遮阳、自然通风等，通过自身收集和储蓄能量，利用有利因素，与周边环境形成自循环系统，达到减少能耗的效果。并采用新型能源，如太阳能、风能、地热能等，达到节约能源的作用。

美国华盛顿州西雅图市的煤气厂公园便是一个具有代表性的案例，公园对弃置材料进行循环再利用，有效降低了购置新材料的成本，并且对受污染的废弃地进行生态净化，使此处理手法成为先例。由于其重工业生产的性质，导致土壤污染非常严重，即使清除了污染严重的表层土壤，深层土壤的净化仍然相当困难。因此，可以通过分析其成分，利用草灰和淤泥等补充土壤肥力，培植一些细菌、微生物和植物来"吃掉"长久沉积下来的化学污染物质，逐渐清除深层土壤的污染，完善区域的生态环境。

（三）以环境营造为主的模式

以环境营造为主的模式是指利用景观设计手法，对废旧的空间进行保护，改善其生态环境，加以生态技术，营造出独特的建筑景观的保护与再利用模式。营造时尽可能保留原有建筑特色，与周边环境巧妙结合，创造一个安逸、纯净的场所。在生态环境恢复过程中，融合地景艺术，把艺术与自然有机结合，创建视觉艺术，从而激发建筑保护与再利用的价值，使其与环境进行循环再利用。另外，以环境营造为主的保护与再利用，不仅提升了空间的文化氛围，还增加了艺术性，形成其独特的景观。

澳大利亚墨尔本维多利亚港区公园是以环境营造模式为主的改造案例。公园保留了三块湿地，从而形成自己的特色，人们在此可以观赏到鸟类栖息生活。同时，公园提供了雨水收集、储存和再利用的功能，经过处理的雨水不仅可以为公园提供80%的灌溉用水，还可以为城市提供大量的生活饮用水。

（四）以低碳节能为主的模式

以低碳节能为主的模式是指在建筑保护与再利用中融入生态节能技术，将旧建筑改造为低消耗、自循环、促进生态环境营造的建筑，提升现有能源和资源的利用率，降低污染，高效节能，从而达到低碳节能环保为主的保护与再利用模式。也可通过可再生能源提供能量转换，将太阳能、风能、水力等转变成所需能源，有效减少能源消耗，将低碳节能的保护模式应用到建筑的改造中去。

三、建筑遗产生态保护的必要性分析

（一）生态环境的恢复

第一，采取多种治理措施保护生态环境，通过自然生态循环和人工处理的方式实现环境的恢复。利用中注重建筑废料的循环再利用，以及改造中使用再生材料，这不仅体现了资源循环利用的生态理念，还减少人力、财力和资源的浪费，改善生态环境。第二，利用自然资源，结合周边的环境，营造舒适的工作、生活空间。第三，水体的恢复和保护工作也不容忽视，水是可再生资源，将雨水和废水收集，经过净化后，形成再生水，可用作植物的浇灌水或卫生间的冲厕用水，实现水生态的良性循环。

德国鲁尔工业区就是具有代表性的生态环境恢复改造实例，该项目将污染严重的景观、工业设施和旧厂房经生态保护手段进行保护与再利用，赋予其新的使用功能，使工业区的生态环境得以还原，对建筑遗产保护与再利用有着很好的借鉴。

（二）提升经济效益与节约资源

从生态视角对建筑遗产进行保护与再利用，既可以提升经济效益、资源循环利用率，又可以节约资源、持续发展，与城市生态环境更好地融合，进而体现保护的必要性。

北京 798 艺术区前身是闲置停产的电子工厂。空置的厂房经过改造再利用，发展为艺术家工作室、画廊、餐饮等空间，保留原有历史文化，并将其重新定义，融入生态美学，体现了艺术与文化空间的有机结合。其独特的产业优势吸引了大量艺术工作者前来入驻，从而为厂区带来了经济效益。

（三）延续历史文脉

文脉所重视的是特别指定的空间界限里部分环境要素与环境整体之间的时空连续性。建筑遗产通过空间与时间的内在联系，体现历史文化、功能的意义。因此，应辨别建筑遗产与环境文脉的和谐程度，权衡该建筑遗产在环境中所形成的历史意义与重要性。城市中的历史区域和建筑遗产记录了历史的发展，二者水乳交融的结合为城市延续了特有的文化特色，也为保护历史文脉起到了不可或缺的重要作用。随着城市的不断发展和变迁，部分城市的形象特征都慢慢地变得相近，丢失了历史所赋予城市与建筑遗产的精神内涵。因此，将建筑遗产转换成一种历史文化符号，增强环境语言的传达，以此来加固人们对建筑遗产的印象，使之去深入了解它们所赋予的文化特色。

四、生态视角下建筑遗产保护与再利用的基本原则

建筑遗产保护与再利用不同于普通的旧建筑改造，其改造构造繁杂、改造技术要求高，具有特色的空间造型，且改造方式多样。因建筑遗产具有复杂和多类型的特点，二者的保护和再利用的形式也截然不同。因此，应为建筑遗产的保护与研究建立相适应的生态改造原则，使其规范化，避免盲目性，实现低碳节能、生态恢复、资源再利用的目标。

（一）保护和发展相结合的原则

对于部分建筑遗产存在严重的环境污染的情况，应运用建筑中文化特质所构成的景观，加以高效节能的生态技术，进行环境的重新结合，营造舒适的工作、生活环境。尽可能保持遗留建筑的完整性，在原基础上进行修复，通过生态环境的恢复与再生进行处理。

（二）可持续性原则

保护与再利用实际上是在建筑原有基础上进行修复、翻新、持续利用的一个

过程。其本质用意是，对建筑遗产改造时尽可能保持其原有的完整性，防止大拆大建带来的环境破坏。建筑遗产保护与再利用的可持续性主要体现在建筑遗产中所承载的价值方面，将其价值能量转换，并发挥可持续的作用，从而降低建筑遗产再利用时所耗损的成本，降低能源消耗和减少对周边环境造成的污染。可持续发展是目前国内外共同关注的热点问题，建筑遗产的保护与再利用也是为实现地区经济发展的可持续性而逐渐发展起来的。

第七章 建筑遗产的保护与活化

第一节 江南水乡古镇建筑遗产的保护与活化

一、江南水乡的地理位置、历史来源及其特色文化

（一）江南水乡古镇的研究意义

江南水乡的魅力，不仅在于江南特殊的地理优势，更在于经济因素和人为因素的影响，有独特的水网生活文化。但由于自然和人为原因，曾经广大的古镇，现在能完好留存下来的少之又少，所以江南水乡古镇具有特别重要的保护和开发意义。

江南地区历经数代的经营，建筑遗产丰富，经历水旱兵燹、社会变迁，建而毁、毁而建，历史更迭相沿。时至今日，城市化发展，人口剧增，城市扩大，各种建造工程无时不对城市、建筑、园林构成威胁。

（二）江南水乡古镇的地理位置

江南水乡古镇以太湖流域为中心，现指江苏省南部和浙江省北部一带，处于亚热带，经济发达，交通便利，物产丰富，在中国文化发展史和经济发展史上具有重要的地位和价值。

（三）历史上江南各个古镇的形成过程

1. 周庄古镇的形成过程

据记载，北宋元祐时期，周迪乐善好施，当地百姓感激不尽，于是将这片地方叫作周庄。清初，此处的居民逐渐增多，繁华的商业中心也开始形成，地域版图也开始增大，此时俨然变成江南的一个大镇，但没有改名，仍为周庄镇，此种情况一直持续到康熙继位。

2. 同里古镇的形成过程

有一千多年历史的同里古镇，始建于宋朝，旧称"富土"。同里附近农村盛产大米，从宋代开始逐渐形成米市，至清嘉庆年间成为江苏四大米市之一。米业的发达带动了其他商业的发展，至20世纪30年代镇上有超过600家商号，构成了现如今镇区的格局。

3. 甪直古镇的形成过程

甪直与苏州古城一样，也是一座拥有将近三千年悠久历史的古建筑群落，悠长的岁月造就出多姿多彩的建筑艺术篇章。距离现今2500多年前，吴王阖闾于现在甪直古镇的西南方向造离宫，于东方造别馆吴宫，以至于到今天留下了多个与之相关的地名。到了后续两个朝代，已初步形成现在的格局。明代就开始设立"甫里"镇，成为"郡东乡镇之首"，商家繁密，人口数量大增，俨然呈现出一个繁华的江南小镇。直到清朝，才将小镇称号改为甪直，属元和县，从此成为苏州外围不可或缺的城镇。

4. 乌镇古镇的形成过程

乌镇历史悠久，据出土文物以及研究，至少在六千年前，就已经有人生活在这里。在春秋战国时期，乌镇最早被称为"乌戍"，因为这里是吴越两国的边境，吴国在此驻兵。乌镇内河流水系复杂，还紧靠京杭大运河。这里的人民依靠发达的水系条件建造市井，凭借此地优越的自然条件，当地农业、桑业和个体业飞速发展。历经宋、明、清三代之后，乌镇的经济水平不断提高，成为水乡集市的主要地方，逐渐成为江南重镇。

（四）江南水乡古镇的历史文化价值

江南水乡古镇具有极高的文化价值。由于江南水乡地理位置特殊，极少经历战乱和荒灾，自公元9世纪以来经济和文化都得到了迅速的发展，走在了全国的前列，同时其发展的连续性也得到了比较好的保证。因此可以观察这一地区不同历史时期的具体生活状况、不同时期的人文景象和不同历史时期的经济发展状况，总结出当时的经济体制和社会状况，更可以考证此地所流行的传统文化以及地域文化。江南水乡古镇为研究地域文化甚至为人类历史文化发展提供了重要的历史资料，具有较高的历史价值。

江南水乡古镇在当时的建设中采用了比较独特的规划方式，将当地人的思想和观念巧妙地融合进建筑设计中，在保持建筑与环境和谐的基础上，又体现出所含有的艺术价值。这些都是人与自然相互磨合的产物，具有非常高的艺术水平，对探究我国古代建筑艺术的发展和规划设计具有很高的参考价值，在中国的艺术发展史上占据着不可替代的位置。

江南水乡古镇同样在中国经济的发展历程中占据着一席之地。江南城镇在 13 世纪以后成为中国经济版图发展水平最突出的城镇，这种活跃程度与中国当时的闭关锁国制度形成巨大的反差，对中国当时经济有积极而又深远的影响，同时也对当时建筑设计和艺术传播作出了极大的贡献。

江南几大古镇都保存了原汁原味的江南水乡的地域文化，在中国的文化发展史上也具有相当重要的地位。虽然经过几千年的朝代更替，古镇中民风民俗却得到了完好的继承，依然保持的原有的特色风俗。古镇的民俗风情将艺术与自然完美地结合在一起，江南水乡文化的多样性给我国考究古代地域文化提供了良好的素材。

（五）古镇的空间特色

江南水乡的建筑一般都比较密集，湖泊、河流、小巷等交叉穿梭存在，水、路、桥和谐地融为一体。镇内房屋都是傍着河流建造，密集的传统建筑簇拥在水巷两岸，构成了独具特色的水乡古镇空间特色。古镇内的街道一般沿着河岸平行，宽度约为 1.5 米 ~ 3 米，街道用鹅卵石铺成，具有独特的风格和丰富的水乡风情。

（六）传统建筑特色

江南水乡的传统民宅建筑素朴而典雅，建筑在单体上以砖木结构的多层厅堂式居多，极具地方特色。布局多以院落为主，与江南潮湿的气候相适应，形成了一种很有文化内涵的独特的建筑风格。

（七）传统文化特色

江南水乡以其独特水资源引领着周边农村经济的快速发展，并发展为江南农村手工业中心、商品集散中心以及城市和农村经济之间的纽带，在中国的经济文化发展中发挥着举足轻重的作用。

江南水乡以其优雅的环境、便利的生活条件成为一些正式退隐的文人或富商居住的土地。同时，这些人的到来促进了文化的快速发展，形成了一种良性循环，又由于保护得力，历史文化景观众多，一直保存至今。

综上所述，江南水乡古镇的历史文化特色有：①江南水乡古镇依托"水"而存在，具有独特的自然景观和民俗风情；②多种文化的融合形成江南水乡古镇独特的地方文化；③独特的经济结构与多样的社会形态，使江南水乡古镇在中国历史上具有独特的地位与价值。

二、江南水乡古镇的保护规划与实施

（一）规划目标

1.保护历史环境

具有悠久历史的江南水乡古镇，应该强调从整体进行全面性的保护，保护古镇居民的居住环境与工作环境，并且从各方面对其进行优化改善。尽最大努力保护古代建筑，修复其被破坏的部分，对其不能修复的部分，进行艺术化处理。

2.挖掘文化内涵

建立文化保护机制，对当地特有的文化风俗进行保护，保证文化风俗以及传统节日的延续，防止商业旅游的发展对其造成伤害。

3.改善居民生活

对原有的古老建筑进行加固，在不损害原有建筑的前提下，完善基础设施的建设，妥善处理现代基础设施与古代建筑合理并存的局面。

（二）保护所面临的主要问题

江南水乡古镇的经济发展与当地的旅游业息息相关，但随着经济的不断快速发展，不少建筑遗产被拆毁，导致古镇失去原有的特色。江南水乡古镇保护所面临的主要问题有以下几点。

1.开发压力

生活方式的改变。江南水乡古镇的基本"硬件装备"不够完善，居民在生活中无法拥有舒适的居住环境。于是小批量的传统住房经"分解"或"改变"衍生出新的用途，摇身一变成为以商旅为主要用途的房屋。

建筑材料的改变。随着古建筑内外所使用材料的老化和物理性降解，江南水乡古镇的居民在改建中开始采用新的建筑材料，致使古建筑本身所附带的历史文化价值及风格受到影响。随着我国对古建筑文物保护修缮方面的逐渐重视，全国性的相关法律文本规定的修缮维护方法均得到普及与使用，如对古建筑修缮时的建材可以使用古建筑遗存的废料。

交通工具的改变。由于人们对现代交通工具的依赖度逐渐提高，对江南水乡古镇路面产生了较大的损坏，因此可以在时间上分流车辆或者在特殊路段采用特殊管制安排。

周围环境的改变。江南水乡古镇虽然在原有修缮保护的方案下做足了准备，可仍在多数时间无法抵挡新区日益"丰满"所带来的冲击。由此在规划设计中需要调整土地使用性质，以避免"新区"和古镇之间的不和谐。

2. 环境压力

人口增长。一方面，江南水乡古镇的原有人口会呈现自然性的增长，另一方面，江南水乡古镇的风景带来的旅游人次的增加，导致古镇的环境负荷承受着巨大考验。对江南水乡古镇的居民数量增长进行有效控制，需要依靠新区的建设所带来的疏解能力保持人口和环境的平衡。

外部环境影响。江南水乡古镇内的河道并不是独立的死水结构，而是与外界连通的开放式结构水体，与太湖直接相通，太湖水质的变化直接对古镇内的水环境造成影响。

现代企业发展。江南水乡古镇引进的一些工业企业所带来的排污、废气及噪声问题，将对古镇天然的生态环境带来极大的影响。

生活垃圾。随着旅游业的兴起，当地经济飞速发展，有效提高了江南水乡古镇居民的生活质量及水平，但是也会带来生活垃圾、污水的增加以及处理的复杂化等一系列问题。为了应对这一变化，需要建设专门的污水处理设备，建设专门的垃圾处理机构。

3. 自然灾害和防灾情况

江南水乡古镇地理位置较为特殊，地处水位较高的长江中下游水域地区，该地区具有比较复杂、发达的水系网络，所以历史上极少出现水灾等险情，但是仍需要考虑抗洪等因素对古镇进行改造。

江南水乡古镇内大都保持原有的木质结构建筑风格，房屋布局相对紧凑，而道路又比较狭窄，导致防火灾能力下降。同时，由于居民稠密，所以用电线路网较为错杂，并且由于时间久远，一些线路已经接近最高承受能力，埋下了火灾隐患。为此，在河道两旁常驻防灾船，在古建筑内安装消防设施是非常必要的。另外，应对古建筑进行增加抗燃性的特殊处理，对老化的线路进行更换。

4. 旅游压力

由于第三产业的发展，以旅游为主的服务性消耗带来的压力逐渐暴露出来。由于江南水乡古镇的独特风景，加上媒体的宣传，古镇的游客数量迅速增长。旅游业的发展导致商业店铺数量急剧增多，破坏了古镇整体和谐的建筑风格。因此，需要对旅游的游客进行分流处理，对商业店铺的数量进行限制。

（三）保护规划的实施

保护古镇建筑外观的完整。在部分加固修缮的基础上，保持古镇建筑的结构和整体格式风貌不变，而在古镇建筑内部，可以自行布置内部设施，在保护古镇建筑风貌的基础上不影响古镇居民的正常生活。例如，周庄等古建筑群开始着手升级古镇建筑内的基础设施。周庄镇把古建筑区的电力、电视天线等全部埋入地下。

江南古镇的建筑文化受到建筑技术、匠师素质，以及人们的生活水平、审美意趣、社会价值导向等多方面因素的复杂影响，但是在实际操作中，仍然应该尽力保持江南古镇"原汁原味"的文化氛围。

三、生态性保护与利用的规划实施

旅游开发模式可以分为生态旅游开发和传统的大众旅游开发两种不同的模式，这两者的最大区别就在于是否具有"生态保护"功能。生态旅游开发，是兼具开发和保护双重作用，并且开发要以保护为前提，开发的同时不能对生态环境造成伤害；而传统的大众旅游开发只注重旅游开发，"保护"二字则没有体现出来。从传统的大众旅游开发到现在的生态旅游开发的转变，体现出人们对生态开发的重视，所以在利用开发的同时兼顾生态文明的保护，将是江南水乡古镇旅游以后的主流方向。

（一）建筑遗产保护的可持续发展

1. 传统旅游开发目标的误区

不管是生态旅游开发还是传统的旅游开发，都会注重历史、文化和生态三大因素的协调发展，但对于传统的旅游开发来说，生态这一最重要的效益被放在最不受重视的地位，经济盈利反而被当作开发的首要目标，在这种利益思想的驱使下，必然会导致江南水乡古镇的生态环境因大肆开发而遭到破坏，大多数人为了追求资本的快速回笼或谋取经济高效益，采用先污染后治理的做法。所以在此种开发环境下，江南水乡古镇的名山胜水虽然没有受到工业发展的污染破坏，却倒在了旅游开发的不利影响下，致使古镇的旅游业只是昙花一现，得不到可持续发展。

2. 生态旅游开发的目标

生态旅游发展的目标是保持古镇的长期延续性发展。主要包括三个方面：①限制，即要在保护的基础上进行开发，对开发添加限制条件。生态开发是必需的，但是要在生态环境可承受的范围之内，超出这个范围，生态环境就会遭到破坏，保护则没有了任何意义。因此，开发要在强度上进行控制，在方式上选择合理的强度以及正确的方式，才能达到限制的目的。②效益，虽然经济利益是旅游开发的一个目标，但是不能作为首要的目标，而必须将生态效益作为重中之重，追求生态效益的最大化。③可持续，即将古镇的发展作为生态旅游的首要目标，是指经济、社会、环境三者整体效益的可持续，并不单单指某一种效益，在可持续的同时，要保证整体效益没有下降。

3. 保护性开发目标

当前游客希望看到的是历史文化的记忆，希望看到承载着历史风貌的江南水乡古镇建筑，渴望享受质朴的、宁静休闲的古镇氛围，感受江南水乡本真的风貌，而不是充斥着商业感的现代仿古建筑群。因此，对江南水乡古镇中的建筑进行过度的商业开发，不利于旅游产业的持续发展。

4. 协调发展目标

江南水乡古镇的发展必须考虑社会效益、经济效益和环境效益这三个方面，且操作者必须协调运营商、游客和居民这三方的利益，要在保护性开发的前提下，使遗产旅游能实现真正可持续发展。

（二）保护系统的观点

1. 系统的观点

生态旅游建设是一个整体的系统，是社会、生态、经济共同构成的一个生态体，不能孤立看待某一个方面。从构成上看，生态旅游保护性建设需由社会、生态、经济这三个大体系交相呼应，融会贯通，形成更加复杂的高层次系统；从关系上看，生态系统依赖三大基本体系获得经济、生态、社会效益，同时三大基本体系又紧密相连、相互协调、密不可分，在这基础之上的生态旅游开发才能获得预期收益；从实际操作的层面看，生态旅游开发需要协调好经济、社会、环境之间的利益分配，生态保护与经济发展必须彼此协调。

2. 保护的观点

在当前旅游开发中存在一种误区，认为既然生态环境是重中之重，那么保护好环境就能增进整个生态环境旅游开发的整体效益。然而，现实中总有一部分地区存在环境保护良好但是贫穷落后的情况。所以，可持续发展并不意味着保护好环境就可以一劳永逸，而是需要保护整个可持续发展体系。

（1）保护对象体系

一个地区的生态旅游开发其实是创造一种对象体系，如果想要实现可持续的目的，保护对象除了环境之外，还有社会、经济等。生态旅游保护的三大基础体系都会对旅游业的可持续性产生重要的影响，环境及社会文化是保护的物质载体与精神内涵，经济效益则是环境保护的直接动力。

（2）保护的动力

一般来说，环境保护主要靠两个方面：①自我的环境意识；②法律的保障。第一，想要让保护环境成为人们的自发行为，则必须提高保护环境的意识，使其内化到人的内心中去，而这就要靠增强社会的整体素质。第二，通过法律的强制约束，来督促、限制社会的行为，使其达到环境保护的目的。如果保护环境的行为是由内在的驱动力所驱动完成的，方案的实施则会进行得更加彻底，将保护动力与自身效益密切关联起来，就会生成强烈的动机，达到环境保护的目的。

（三）三种不同路径的模式

1. 综合开发导向模式

传统的旅游资源开发一般将收入性效益的最大化作为开发时考虑的主导因素，但开发导向不完全是这样，根据开发导向的不同，可以将开发导向模式分为以下几种。

（1）传统"一源"开发导向模式

传统"一源"开发导向模式，只考虑生态旅游开发方面问题，在这种模式中，又分为资源型和客源型。资源型，顾名思义，即利用当地的自然资源，开发一些极具特色的旅游资源，因为资源是一种天然优势，开发时就要以资源作为主要因素来考虑。客源型，又被称为"市场型"，指天然的自然资源相对贫乏，但地理位置或者经济条件方面具有优势的大城市或者口岸，这些地区可以利用巨大的交通流量、完善的设施和活跃的经济来开发旅游资源。

（2）传统"二源"开发导向模式

相比"一源"开发导向模式，"二源"开发导向模式具有"一源"模式的所有优势，它既具有资源优势，又有地域优势，两者结合在一起后优势互补，既可以利用自然资源开发旅游景点，又可以利用地域优势建设现代公园，更加成功全面地开发旅游资源。

（3）生态旅游综合开发模式

传统旅游开发导向模式无外乎"一源"型或者"二源"型两种模式，但是不管是哪种，其背后都潜藏着问题。关乎可持续发展的一个重要因素就是环境的保护，所以环境保护是所有旅游开发导向模式都不可忽视的话题，必须将保护自然资源和保护地域优势结合起来，形成两两结合的综合模式。近年来，我国一些著名的旅游胜地由于不注意环境及自然资源的保护，导致游客量开始大量减少。例如，西双版纳风景区以其独特的热带雨林和傣族风情吸引了众多海内外游客，由于未保护好自然资源，使得旅游区质量开始下滑，所以保护旅游资源已然成为旅游业持续蓬勃发展的必要条件。有些客源型旅游地区的开发也出现了这种情况，比如部分主题公园也出现了游客减少的情况。究其缘由，还是没有做好客源保护工作，导致竞争力下降。

2. 综合开发投入模式

（1）传统的资金开发投入误区

传统的旅游开发投入存在两种误区，一种是资源无偿使用，另一种就是对生态旅游的认识不足。对于第一种误区，由于看不到资源的潜在价值而盲目投资，投资者总想着低投入、高收益，导致不加限制地开发旅游资源，使得旅游环境及自然资源岌岌可危，影响其可持续利用。第二种误区就是缺乏应有的生态旅游管理知识，在前期的开发设计中不能合理有效地规划，导致在开发过程中反复修改，造成对自然资源的破坏及浪费。

（2）生态旅游综合开发投资模式

从以上的分析中可以得出一个结论，要想让旅游业实现可持续发展，不能只考虑资金的投入，必须将资源和科技文化等也都纳入考虑范围，形成资源、效益、生态的整合性开发模式。第一，必须将资源本身的内在价值考虑在内，让资源像资本一样，成为构成旅游业收益的一大板块，提高对资源及环境的认知与重视。

第二，充分认识知识在旅游开发中所体现的价值，这个价值体现在前期的规划设计中，对于资源导向的旅游胜地，后期的增值效应要依靠前期开发将知识运用到设计中去。怎样设计出比较有特色的主题及思想，以及用怎样的手段和新颖的方法进行宣传和引导都极为重要。第三，资金投入是不可缺少的，没有资金的投入，就没有办法进行旅游开发，资金投入为生态旅游的开发提供了物质保障。

3. 循环开发过程模式

以前的旅游开发模式对资源的再利用认识存在狭隘的误解，不能合理地利用资源以及保护环境。具体表现是开发与管理分离，认为开发完之后就不用过多管理，从而疏于对旅游区的后期维护，这种思想使得对环境的保护成为一纸空谈。

生态旅游是一种新型的旅游开发形式，可以解决传统旅游产业发展中的环境保护问题，在生态旅游的开发中包含有规划、建设、检查和监督四个方面，形成一种循环模式，从而保障环境保护能够落在实处。生态旅游的开发需要不断优化、改进、推陈出新，从而增加旅游景区的吸引力，延长其生命周期。

第二节　北海老街区建筑遗产的保护与活化

一、北海老街区的现状分析

（一）北海老街的历史建筑概况

北海老街位于广西壮族自治区北海市海城区珠海中路。老街始建于 1883 年，长 1.44 公里，宽 9 米，沿街为融合中西建筑风格的骑楼建筑。这些建筑多为二层或三层结构，其风格主要受 19 世纪末叶英、法、德等西方国家在北海建造的领事馆影响，临街两侧窗顶多为拱券结构，拱券外沿及窗柱顶端都有雕饰线。建筑主立面以不同样式的造型或浮雕形成了南北两组相互呼应的建筑群带，临街的骑楼部分，既是道路向两侧的扩展又是铺面向外的延伸，既可遮风避雨又可阻挡烈日的照射。

老街骑楼建筑是西方建筑形式与北海地区建筑的独特结合。北海属亚热带海洋性季风气候，具有年均湿度大、日照强等地域特征。北海骑楼建筑是当地建筑结合西方建筑特点延为自用的独特形式，其建筑首层空间一半作为"堂"，一半对外延伸作为"廊"，采用立柱为支持结构，既可增大首层建筑的通风，避免潮气直接渗入，又可遮挡阳光照射。二层或三层为室内休息区域，在保证了居住空间私密性的同时，扩展了视线景致的映射范围，构成了独具特色的建筑形制。

老街区域历史建筑遗迹较多，包括德盛昌、陈海记、珠海楼、丸一药房旧址、广茂商行、合益号、广珍祥、宝华金铺、寿兴祥等，部分建筑商户名号字迹已脱落、模糊不清。这些建筑遗迹镌刻着北海城区发展的历史记忆，是北海历史时代的经济、文化与社会生活的映射。珠海路建筑群具有深厚的历史积淀，被历史学家和建筑学家誉为"近现代建筑年鉴"。英国建筑专家白瑞德先生认为珠海路的历史文化价值，不但对北海，甚至对中国乃至全世界都有深远的意义。加拿大蒙特利尔市的市长曾建议北海向联合国教科文组织提出申请，将珠海路作为世界文化遗产来保护。

（二）现状及问题

老街曾经是北海最繁华的商业街区，但随着时间的推移，珠海路逐渐失去了昔日的繁华，除了零星的几间店铺还在继续做相对传统的渔具经营外，其他店铺几乎都对外承包，以旅游经营为主。老街路段扩建于20世纪20年代后期，部分历史建筑由于不当的"修复"和过度的商业开发而失去了原有的历史文化价值。对北海老街保护与再利用的现行政策又基于文物保护的限制，修复与再利用方式较为单一。

目前，老街历史建筑的保护与再利用有以下几个问题较为突出：①老街大部分建筑为居商混合式结构，其产权所属为个人，部分历史建筑又受到地方条例及文保政策的制约。在这样的现状之下，由于产权持有人无法承受较高的"文物"维护费用，只能任其日久闲置，废弃残破。②原有建筑由于自然条件坍塌、损毁，已无法修复，在原址上的新建建筑会对原有建筑群整体特性造成破坏。虽然在北海老街现行的规划政策中提出了新建建筑物的高度控制要求，并且在立面与其形制上都依赖原有的骑楼建筑形式，其本意是维持历史建筑的整体效果，但实际的情况只是在原有的历史建筑群组中插入以现代材料、现代技术建造的仿制建筑。这不仅破坏了建筑群体的历史层级，也丧失了现代建筑的时代属性。③老街建筑的商业化开发与建筑遗产保护与再利用的矛盾冲突。由于经济利益的诱导致使老街大多数历史建筑的再生利用局限于商业经营的模式，商业经营者大多以经济利用为主，对原有建筑的改造只限于其利益的发展，不考虑对原有建筑的修复与维护；有甚者更是破坏了原有建筑的基本结构属性，造成无法预计的损失。同时，部分商业经营涉及水电的改造，这不仅加重了原有建筑遗产的负担，也使其面临着多方面的安全隐患。

二、北海老街区 ① 的近代建筑遗产

（一）北海老街区的近代建筑遗产

在 1876 年中英《烟台条约》（英国强迫清朝签订的不平等条约）签订之后，北海被列为对外通商口岸。先后有英国、德国、奥匈帝国、法国、意大利、葡萄牙、美国、比利时 8 个西方国家在北海设立领事馆和商务机构，开启了北海欧式风格楼宇的建造。这些西式风格的近代建筑包括教堂、医院、海关、洋行、修女院、育婴堂、学校等建筑构造。建筑多为一层或两层，平面布置方正，设有回廊、地拢，地拢上铺设木地板。屋顶多为四面坡瓦，室内有壁炉，窗门大多为拱券式。这些近代建筑分布于北海老城主区域，与珠海路老街的骑楼建筑相互呼应，但又独具特色。这些近代建筑包括洋关（海关大楼）、大清邮政北海分局、税务司公馆、贞德女校、普仁医院、法国领事馆、合浦中学、森宝洋行、德国领事馆等。2001年 6 月 25 日，北海近代建筑作为近现代重要史迹及代表性建筑，被国务院批准列入第五批全国重点文物保护单位名单。

（二）北海老街区的近代建筑现状

散落于北海老街区的近代建筑，一部分遗存于公建范围之内，并与时代建筑相融合，但也出现了各种问题亟待解决。如英国领事馆旧址的附属建筑双子楼，现位于北海一中校园之内，曾作为 6 所中小学的校舍使用，如今建筑顶部已塌陷，急需进行修复与加固；法国领事馆旧址位于北海市迎宾馆内，曾较长一段时间作为迎接外宾的迎宾楼使用，目前已做他用。还有一部分近代建筑独立于老城区的生活之外被"保护"隔离，使其丧失了建筑属性功能及历史文化精神的延续。例如，洋关旧址现位于珠海路老街东侧入口对面的北海海关大院内，其建筑结构与

---

① 北海老街区位于北海市北部海岸。其核心保护范围为：北起海堤路，南至朝阳街和和平路中部，西起新兴一街，东至广东路。建设控制地带为老城区范围，即东起广东路，西至贵州路，南起体育路，北至外沙岛。

使用功能相对保存完善，却未对其进行再生性的使用，任其空置。大清邮政北海分局旧址，虽然该建筑现作为陈列馆使用，但对外开放的次数少之又少。

北海近代建筑是北海地区特定历史时期的社会、经济与文化发展的见证，也是中西文化艺术交融的结晶。北海近代建筑遗产作为城市建设发展的一部分，应与城市的发展携手同行，不应将其封存在历史的宫殿中，任其凋零。

三、北海老街区再生利用设计

（一）北海老街区建筑遗产的修复与更新

在对建筑遗产保护与再生性利用时，应将历史建筑的不同状态分别对待，不同的建筑现状应采取不用的修复或再生利用方式，并对建筑遗产的大量信息进行细化分析与整理，使其获得更为合理的保护与再利用。通过对建筑遗产保护与再利用的分析与研究，展开对北海老街区建筑遗产的保护与再利用设计。

第一，修复方式以保留老街骑楼建筑原有的特征为主，不使用现代材料覆盖，不增设其他结构，完整地呈现其历史建筑的时代特性。建筑内部采用金属材料作为建筑的结构支持，如钢材替换原有的木质材料，确保建筑主体结构的持久性；在不破坏原建筑内部空间的前提下，对其空间进行再生利用功能的合并或分隔。建筑外部裸露的表皮与肌理分为保留与更新两个层面，保留是针对建筑外部裸露部分未对建筑主体结构造成侵蚀，并呈现出建筑的历史性与艺术性的部分；更新层面则是指建筑裸露部分对建筑主体造成严重侵蚀，或是其将对建筑造成侵蚀的部分，又或是这部分已遭受了"修复"性的破坏，致使原建筑的历史属性丧失。更新原则以展现建筑的不同时代特质为主，不采用"修旧如旧"的手法，因为使用现代材料技术是无法复制建筑的历史特性与其艺术价值的。

第二，在原有建筑基础上的修复可采取时代性更新手法，修复方式更多是为了建筑的结构加固，而不是给建筑增加仿制性的装饰，以往的"修旧如旧""整旧如新"不仅混淆了原历史建筑的时代特性，也阻断了历史建筑发展层级的可读性。

通过以上修复与更新方式，根据建筑组群整体立面效果，对可保留性建筑采取上述加固与修复形式，使建筑群组立面形态保持原有历史建筑群组特质，不增添、不对其进行过度修饰。对另一部分已损毁、无法修复的建筑单体所造成的建筑群组断裂问题，提出新的构建形式——不仿制、不参照原有建筑形式，以时代特征构建新的建筑单体。基于老街建筑功能商业化的单一性，适当植入吻合区域功能需求的建筑形式，如地方文化展示、公共休息空间、植被绿化的设置等。

在修复与更新政策上采取多元化方式，融合多方力量确保历史建筑的机体维护。由地方政府提出针对建筑遗产保护与再利用的具体细则，引入社会团体和其他公共职能部门共同参与老街建筑的修复与维护，这样不仅可以使其获得更多的支持力量，也可以促使老街历史建筑遗产参与到社会职能的运作之中，拓展其再生利用的多种可能性。

（二）北海老街区建筑遗产再生利用的拓展

建筑遗产的再利用是在保护的基础上发展起来的。为此，构建新的功能首先要考虑对历史性建筑的原真性、完整性进行妥善的保护，而不是以现代材料、技术进行的"原样修复"，更不应将其作为过度商业开发的牺牲品。通过中西方对建筑遗产再利用的成熟案例的分析来看，建筑遗产的再生功能是以满足区域需求为基础的，借此我们可以获得更为广泛的再生性利用拓展。

北海老街在其形成与发展时期所经历的商业繁荣与今日城市区域发展需求已不相匹配，如今商业消费已由沿海区演化变迁至今日的老城区域中心地段，对于消费结构与功能需求构建而言，商业化开发已不是老街历史建筑保护与再生利用的优势，构建合理的功能需求已成为老街历史建筑保护与再利用的先决条件。在北海历史建筑文化遗产的地标性建筑规划定位中，北海老街应以"弘扬地区文化，传承地方特色"为己任。为此，老街建筑遗产的再生利用应以构建文化、公共服务机能为主，如文化艺术类别的地方文化展示、公共类别的服务与区域功能的设置等。另外，我们不能将建筑遗产孤立看待，要融合社区、团体及社会多方力量，使老街历史建筑的再生功能融入城区机能发展的需求之中，将其与时代生活紧密结合在一起，让历史建筑与城市的时代生活产生共鸣。

（三）北海老街区建筑遗产的联动设计

1.历史建筑与城区机能的联动构建

从城市宏观角度上看，不同地段的单体建筑就像一个个细胞一样，以一定的组织形成街区和城市区域。建筑作为城市机体的一个细胞，它与城市机体其他部分一样，共同承担着维持城市或者说是一个区域的正常运作。建筑遗产作为城市建筑集合中的一个分支，它与其他建筑同样承担着维护城市或是区域机体运作的职责，它曾经或许是城市构建的重要组成部分，又或是城市机体不可取代的一部分，它的过去、它的现在与未来都与城市的构建紧密相连。为此，构建建筑遗产再利用的城区机能联动，不但可以有效地对历史建筑进行机体维护，也可使之成为城区机能构建中不可缺失的部分。

北海老街区建筑遗产大多为近代西方各国所建的公共职能类建筑，如各国领事馆、学校等建筑单体，其位置分散于老城区中心并与现在的城区建筑交织在一起，形成了新的区域。这些建筑遗产有的亟待维护，有的闲置荒废，为此对其保护与再生利用应提出新的方式与策略：第一，对建筑遗产的构造、材料等建筑属性进行信息评价，做出保护与再利用的可行性分析；第二，对建筑遗产现今的环境、文化层级、动态发展等相关信息进行数据评估，分析出区域所缺失的机能及其特点；第三，使建筑遗产的新机能与现在的区域机能需求相匹配，并记录其关联运作的信息，对其再生性利用做出评价与优化建议。

新建的北海老街区建筑主要以商业、住宅为主，文化与综合机能类别的构建相对比较薄弱，可以把分散于北海老街区中心的建筑遗产与新建建筑建立起相对独立而又相互关联的发展脉络，激活城区综合机能，拓展历史建筑再生利用功能，丰富老街区域机体结构，以获得经济与文化的共同发展。建筑遗产的保护与再利用不仅仅是对建筑遗产的外部修缮与再生功能的商业开发，对建筑遗产的保护是为了延续其本身具有的文化、艺术及精神价值；对其功能的重生则是使之与城市机能相协调的再利用，使其成为城市机体运作的一部分，而不是脱离城市存在的独立个体。

2. 建筑遗产再利用的发展

在现代建筑林立丛生的城市构建中，一些设计师与设计公司将现代技术、材料与新的设计构想引入建筑遗产的更新改造中，他们突破传统、尝试创新，并赋予了建筑遗产多重身份，将建筑遗产与时代特质进行了完美的融合，开拓了建筑遗产再生利用的更多可能性。例如，坐落于东京赤羽街的 Ichinichi 青年旅社是由一座遗存在街区中的五层钢混历史建筑改造而成的。这栋建筑原为一个小型综合体，包含美发沙龙、办公室和员工宿舍等功能。业主希望 Ichinichi 可以与社区环境和谐共存。设计公司保留了历史建筑的原有特性，并对原有的入口空间的水晶吊灯、镜面、立柱与旋转楼梯进行了重新组织。内部的客房设计为新构建的独立单体，大多采用环保性轻质可更新的材料，建筑原有空间与新单体形成一种相互的包容性，又展现了时代特质的差异。

建筑遗产的再生性利用不是一个独立的设计更新方式，它的再生性是基于对历史建筑的保护，是对城市或区域历史层级关系的修复，甚至是对城市复杂机体结构优化协调的一种现实探索。法国的城市社会学家亨利·列斐伏尔在他的著作《空间的生产》中提出："任何一个社会，任何一种与之相关的生产方式，包括那些通常意义上被我们所理解的社会，都生产一种空间，它自己的空间……城市有它自身的实践：它塑造自己，其空间恰如其分。"列斐伏尔的观点说明了城市空间之所以呈现出复杂的面貌，是因为城市与政治、经济密切相关。而建筑遗产作为城市集合中的一个子集，它与城市构建的环境、政治、经济与文化等各个方面的关联是极其紧密的。为此，对建筑遗产的再生利用应与时代环境、城市机体的本质需求为前提，这样才能为建筑遗产带来真正意义上的新生。

第三节　重庆使领馆建筑遗产的保护与再活化

一、重庆使领馆建筑遗产的历史背景及发展状况

重庆作为气候、地貌特殊的内陆口岸城市，其建筑形式和工艺自古保持着鲜明的传统特色。重庆的地理环境因素导致重庆的城市经济发展缓慢，城市建设不如东南沿海地区，受我国近代城市发展存在的不平衡性影响较深。其近代建筑起步较晚，规模也较小。但作为西部地区最早开埠的通商口岸城市，重庆的近代建筑发展比一般内陆城市更具特色，更有典型性。

19世纪40年代以后，法国天主教在重庆设立川东教区。由西方人设计建造的天主教堂、基督教堂建筑逐渐在重庆增多。外来文化的冲击使重庆城中开始出现多元化的建筑形象，近代建筑开始在重庆出现并发展。重庆开埠后，西洋古典风格的文教建筑、领事馆建筑、金融机构等近代建筑在重庆迅速增多。随着中国传统建筑与西方建筑文化内涵的碰撞与交融，越来越多中西合璧风格的建筑大量涌现。

20世纪40年代，重庆迅速崛起为经济政治文化中心和国际名城，导致重庆的城市建设和建筑发展在这一非常时期迎来了大变化。重庆的"国际式"建筑群蓬勃发展，引领了全国新式建筑设计的潮流。现在，这些凝结了旧时期记忆的建

筑遗产成为重庆历史文化名城的重要组成部分，具体包括驻华大使馆、教育文化机构、市政交通部门、公共服务场所、金融机构、官邸故居、监狱、陵墓等建筑类型。这一大批近代建筑不仅形成了重庆历史建筑的独特风貌，也影响了现在重庆作为历史文化名城的城市面貌发展。

自 1997 年将重庆市设立为直辖市以来，外国政府在渝设立的领事机构又经历了一次增加。

二、重庆使领馆建筑遗产价值的构成及现状研究

（一）重庆使领馆建筑价值的构成

重庆使领馆建筑遗产作为历史的活化物证，体现了珍贵的历史价值；作为当时建筑技艺的最高水平结晶以及文化融合的表征，体现了鲜活的艺术价值；在提倡文化多样性和彰显地域文化的当今，体现了难得的发展价值。

1. 历史价值

第一，重庆使领馆建筑遗产是中国与世界其他国家共同合作的重要见证。重庆使领馆建筑遗产记录了 20 世纪 40 年代前后，中国寻求国家支援、开展国际合作等许多历史事件。这些建筑中所凝结的旧时期的记忆是中国乃至世界共有的，也可以作为中国与其他国家友好邦交的历史见证。

第二，重庆使领馆建筑遗产作为文化的载体，反映了中国人不屈不挠的奋战精神，讲述了当年重庆的繁华面貌，是中国开埠文化中不可或缺的一环。这些建筑遗产作为不可再生的文化资源，至今仍能体现重庆的城市特色与魅力，在未来的城市发展中可以成为重庆市所独有的文化软实力。

第三，重庆使领馆建筑遗产展现出时代的缩影。它反映了建造时期的社会物质条件、财富创造能力发展水平、建造工艺技术以及设计师的创造力等信息。以西方砖（石）木混合结构体系在重庆的发展为例，重庆开埠后，西方各国纷纷在重庆建造教堂、领事馆、金融机构等建筑，近代建筑在重庆蓬勃发展。在曾作为法国领事馆的仁爱堂遗迹中可以看到，斑驳的墙体里是竹编结构。推测到当时的重庆工匠在建造西方风格建筑时，只追求外观相似，部分建筑结构仍是用我国传统工艺建造而成的。

大批先进的精英建筑师在 20 世纪 40 年代前后来到重庆，使领馆建筑作为重要外交建筑，可以说代表着中国当时的最高建筑水平。并且这些建筑遗产所体现

出的交通区位、防御功能和异域风格也打上了这个特殊时代的烙印。这些建筑遗产不仅是重庆近代建筑发展历史的活化见证，也对了解中国近现代历史具有极其重要的参考价值，是研究中国和重庆近现代历史、文化、科学、建筑发展轨迹的珍贵文献资料。

2. 艺术价值

近代领事馆的建筑特点是要传达本国的文化符号和国家权威，大使馆则要在建设中平衡地域环境和本国特色。所以使领馆建筑的属性使其成为重庆当时鲜有的面向世界的开放型建筑，是研究中国近代建筑艺术特征的一个典型对象。使领馆建筑作为国家身份的象征，大多数建筑的工艺较高、室内装饰繁华、外观精巧雅致。这些建筑凝聚着设计师的智慧和工匠的技艺，是能给人以美学感受的艺术品，现在仍可以作为城市中的精美景点，其文物价值、艺术价值都颇高。

中西合璧的创新性是重庆使领馆最鲜明的个性，与其他类型建筑相比，使领馆更多地采用西方样式，西方柱式、洋派装饰、西式门窗都在使领馆建筑中大量运用。相较于领事馆，大使馆建筑表现出对重庆本土地形更好的适应，在西式风格中融合更多中国传统建筑元素，鹅岭公园和南山植物园中大使馆建筑都或多或少地反映了这一特征。

这些使领馆建筑有别于在当时特殊经济情况下简朴的重庆其他类型建筑，相对而言较为复杂，且更具科学性，具体表现如下：①使用砖、石等材料作为建筑承重和维护结构；②在台阶与入口的设计中展现多样的现代风格；③营造了针对飞机轰炸的防御体系，如选址于隐蔽的郊区山林或交通便利的江边，建筑色彩多为敌机难以发现的灰色、黄色。

3. 发展价值

随着后工业时代的到来，人们物质需求逐渐得到满足，开始更多地寻求参与休闲娱乐、文化观光等精神文明活动。寻求独特历史文化空间已成为当今的旅游潮流。重庆使领馆建筑遗产能吸引数以百万计的海内外游客，在推广宣传中国文化时也创造了旅游业带来的经济效益。当收入资金再次投入到历史建筑的保护中，就形成了良性循环的利用型保护模式。

使领馆历史艺术魅力是重庆的一张城市名片，只要精心保护与妥善再利用就能统一经济发展和文化传承的矛盾，促进城市文态的健康发展。开发使领馆遗产的文化资源，可以促进重庆旅游业的发展，有利于城市开放和增加经济交流。建筑具有共时性与历时性，保护历史建筑遗产的同时也会增添当代文化风采，体现城市发展的长远价值。

（二）重庆使领馆建筑遗产现状

1. 重庆使领馆遗产保护现状概要

重庆现存使领馆建筑遗产分布在渝中区和南岸区，大致呈"两线两片"的结构。渝中半岛区域从长白路到枇杷山正街一线，包括长白路的苏联大使馆武官处、十八梯凤凰台的法国领事馆、领事巷的英国领事馆、山城巷的法国领事馆、枇杷山正街的苏联大使馆。南岸区滨江路到黄桷垭老街文峰段一线包括滨江路的法国水师兵营、南滨路的美国使馆酒吧、美国大使馆海军武官处、比利时大使馆、意大利大使馆、黄桷垭老街文峰段的德国大使馆。"两片"是鹅岭公园片区的澳大利亚大使馆、土耳其大使馆、丹麦公使馆和南山植物园片区的苏联大使馆、法国大使馆、印度专员公署、西班牙公使馆。

驻渝使领馆历史遗迹印证着当年重庆的政治风采，诉说着城市的变迁兴替。在百年来的发展中，大量使领馆遗址已无踪迹可循，有些则被遗落在高楼或山林中。近些年，重庆市颁布了《优秀近现代建筑规划保护的指导意见》等一系列相关文件，抢救维修了部分使领馆建筑遗产。

2. 重庆使领馆建筑遗产保护面临的实际问题

（1）价值认识上的忽略

从时间上分析，重庆使领馆建筑遗产相对传统古建筑遗产比较年轻，使大众对其保护价值的高度产生了认识偏差。从空间上分析，由于 20 世纪 40 年代前后特殊的年代背景导致重庆使领馆建筑遗产不停迁移，星罗棋布于重庆好几个城区，世人因此忽略了对它们的集中保护，令这些建筑遗产遭到自然和人为的双重破坏。从数量上分析，重庆使领馆建筑遗产数量曾达到约 60 处，难言珍稀。如今使领馆建筑遗产数量锐减，警醒人们每栋建筑遗产都是不可再生的孤本。

（2）归属管理上的混乱

重庆现存使领馆建筑遗产的功能、属性各不相同，且分属于不同的区域、单位，必然导致管理保护中存在混乱状态，不利于集中分类保护方式、建立资料库等整体保护措施的实行。同时，使领馆建筑遗产所在区域环境比较复杂，居民素质参差不齐，有些人对文物保护意识很弱，不能自觉地配合管理工作，致使使领馆建筑遗产的基层管理保护受到阻碍。

（3）市政建设上的矛盾

在城市基础设施不断完善、道路逐渐拓宽的今天，开发与文物保护成为一对矛盾，大规模的城市现代化建设与保护历史的矛盾关系愈演愈烈。在重庆现代化发展进程中，许多使领馆都被拆除，如由馥记营造厂施工建造的嘉陵宾馆在20世纪40年代前后云集了12个国家的大使馆，这栋砖木结构的建筑因年久失修，于20世纪80年代被拆掉后，在原址建了居民楼。

（4）资金投入上的不足

我国目前基层文化文物部门对建筑保护的规划工作无权干涉，文物保护单位资金短缺，而且没有健全的文物保护资金保障制度，导致资金不仅数量有限还没有稳定保障；另外，文物保护资金的来源非常单一，主要依靠政府拨款。资金不足导致许多建筑遗产不能得到积极的保护。

（5）技术理论上的缺失

目前，人才技术严重匮乏也是制约建筑遗产保护的因素之一。重庆市的建筑遗产保护技术比较滞后，并缺乏科学的规划指导与严格的实施要求，导致存在不遵循基本保护原则、违背传统施工工艺的情况，对建筑遗产的保护性破坏行为时有发生。另外，对重庆使领馆建筑遗产的保护与再利用理论研究十分缺乏。

三、重庆使领馆建筑遗产保护与再利用的原则与策略

（一）重庆使领馆建筑遗产保护与再利用的原则

根据重庆使领馆建筑遗产保护与再利用过程中出现的问题，我们可以提出重庆使领馆建筑遗产保护与再利用原则要求。从而使保护与再利用更有针对性，以成功经验为指导，避免原则性错误的发生，以免价值异化、破坏保护等情况出现。

1.尊重原真，避免价值再异化

《威尼斯宪章》提出："将文化遗产真实地、完整地传下去是我们的责任"，这与《中华人民共和国文物保护法》中"不改变文物原状"的法律如出一辙。重庆使领馆建筑遗产随着历史的变迁积累了大量信息，包括材料、结构、工艺、功能、背景等。对于保存状态优秀的使领馆建筑遗产，我们应该维持原貌；对于保存状态不理想的，我们无论是采取修复保养、抢救加固还是彻底复原的措施，都要先尽可能全面地收集其真实的历史资料，使这些建筑遗产保存原有的信息和氛围。尽可能真实地再现历史文物周围的环境，才能增强游客的真实性感知。

强调的原真性和不可再生性，并不是要求对待建筑遗产只能采取一成不变的文物式保护方法。建筑的功能性决定了不以利用为目的的建筑保护是不存在的，在对建筑遗产的更新中，既要保护建筑遗产中的社会历史元素，又要使其满足现代社会的使用要求。但是近年来，过于市场化的建筑遗产更新方式，导致上海近现代建筑遗产改造模式被其他城市广泛复制，出现了许多"新天地"。在这个过程中，不但将建筑遗产的文化符号与其历史空间特质剥离开来，也忽视了地方消费水平与旅游需求的影响，建筑遗产的历史、艺术价值被一再异化为浅显的、去本土化的、同质化的文化符号。而事实上，上海开放的历史文化底蕴、对文化兼容并蓄的城市空间以及国际化大都市广泛而多元的消费需求等城市特点，是项目获得成功的前提条件，其他城市不可盲目套用这种保护模式。

重庆使领馆建筑遗产独特的价值内涵决定了利用时不仅要保留原有整体风貌，更要避免对其历史文化内涵的异化和偏离。保护实体环境的同时更要打造人文特色。突出沧桑的历史氛围，挖掘其特殊年代背景下具有特色的文化符号，在继承历史基础上融合重庆地域特色，避免与其他改造项目趋同。

2. 科学分类，兼顾整体与局部

目前，我国历史文化建筑的保护经验较丰富，并且产生了一些优秀案例。但因建筑遗产的保护级别、功能属性、环境特征、现存状况不尽相同，保护利用的方式也随之各异。另外，在评估分类过程中要结合建筑和历史等多方面的专业知识，才能深度发掘建筑遗产的内涵，使改造后的使领馆建筑遗产充满人文精神和生命气息。建立分类保护机制更有利于实施多层次、多元化（采取政府、企业、民众三方保护行动相结合的方式）的保护策略，使保护工作事半功倍。

在历史建筑保护中要求建筑单体及环境的完整统一，是为了避免建筑遗产保护的"孤岛化"或"盆景化"，使旧时期的肌理关系能融入现代城市生活，使单薄的个体升华为风貌协调的整体。因此，协调好建筑局部与整体的关系、个体形象与群体风貌的关系是对历史建筑进行保护再利用的重要原则。优秀的使领馆建筑风貌，是凭借形式、体量、材质、装饰细部等各方面要素巧妙的配置而形成的，而由这些建筑遗产单体组成的使领馆建筑群影响着重庆市的环境面貌。所以对使领馆建筑的保护不能只局限于建筑单体的保存修复，更应该以控制片区整体风貌为目标，改善并统一周边环境。从改善居民的生活基础设施入手，打造精品文化片区，采取整体性的保护更新模式。对重庆使领馆建筑遗产的保护不是单纯地继承和发展历史遗迹本体，而是要保持城市文化网络的完整和连续。因而必须统筹兼顾城市肌理、区域环境、文脉传承、功能关系和空间结构等因素，从对建筑点的保护扩大到对区域的复兴；从对历史信息的静态保存提高到对城市文脉的延续创新。

3.积极活化，实行动态性保护

保护建筑遗产的目的不是历史文化场景的简单再现，而是要在保护和发展之间取得平衡，冻结式和固定化的保护往往不能体现建筑遗产的价值，从而导致历史建筑闲置的局面。建筑遗产的有机再生保护就是在不损坏建筑原真性、不异化历史建筑价值内涵的前提下，对建筑遗产内部及外部空间进行合理的改造与调整，赋予其新的社会功能。在增强建筑质量、提高城市人文环境水平的同时，有机延续叠加该区域的历史空间进程。这种建筑遗产"再生"是为了使历史建筑在现代社会中得到适应和发展，最终达到城市建设与文物保护和谐统一的目的。

目前，大多数重庆使领馆建筑遗产保护处于形式主义的状态，再利用方式大多不能体现实际价值，人们对建筑遗产的需求决定了不能对其进行冻结式的保存或标本式的保护。因此，应当积极主动地将它们重生利用，实现城市的文脉延续和创新发展。

动态保护的概念，就是要把区域近代建筑风貌的保护纳入现代社会生活中。在合理对建筑遗产实行保护更新的基础上，还应兼顾科学置换建筑功能、调整土地利用方式、完善基础设施、串联交通路网、加强投资管理和发展旅游策略等多个方面。

动态性保护原则是要求在对建筑遗产的保护与再利用计划实行中，既还原建筑遗产的历史性与真实性，又体现出对城市发展的适应性，将对建筑遗产的保护同步到城市环境的发展变化中。打破我国目前普遍的对建筑遗产的静态化保护，前瞻性地洞悉城市环境的变化，针对建筑遗产的远期发展目标提出弹性规划。最初制订的保护计划应该在保护工作进程中根据实际情况积极主动地调节和改进。

4.多元投资，分层次推进计划

长久以来，我国的遗产保护投资都是以国家和各级政府拨款、设立管理机构为主。我国的建筑遗产数量非常庞大，对其保护单纯依靠政府包办并不现实。建筑遗产的保护与再利用可以联动多种产业的经济活动，涉及的利益群体也很多。像国外的建筑遗产保护资金主要来源有：政府拨款资助或低利率贷款；社会团体或个人捐助；利率减免、土地税减免；建立民间历史建筑基金会；遗产保护彩票、奖券多种途径。因此，重庆使领馆建筑遗产保护更新中的资金筹措问题，应通过多种类型的文化投资来取得建筑遗产保护与经济收益的双赢，采取一种多元化的筹措和投资管理方式。

政府全额投资保护与管理的方式：政府直接介入保护与再利用的全过程，制定和完善政策规范、投入和保障资金、设立后续管理机构，以确保保护的公益性、公正性，担任起统揽全局和宏观调控的重要角色。

开发商投资保护与管理使用方式：在主体多元化的市场经济下，发挥政府的监督作用，与私人企业合作投资，既能使文物保护经费紧张的问题得到缓解，还能实现建筑遗产的多元化再利用。

公众参与集资的运作方式：以政府投入的资金作为保护的主导运作成本，激励民间团体和个人参与建筑遗产再利用和管理工作的经费投入，持续不断地保障文保资金的稳定。

建筑遗产的保护工作主要分为强化保护、合理利用、持续管理三个步骤。建筑遗产中保留的历史、文化、艺术、科学等信息大量且复杂，无法确保通过现阶段的调研就了解透彻。资料的完善、科技的进步，可以辅助我们不断深入地认识重庆使领馆建筑遗产的价值。

多层次、多方位的保护与再利用工作，决定了针对重庆使领馆建筑遗产需要制定层层推进的实施计划，即以历史建筑单体为中心，逐步串联成文化路线，发展成历史文化片区，形成大规模整体性的逐步开发更新。

（二）重庆使领馆建筑遗产保护与再利用的策略

根据对重庆使领馆建筑遗产保护所面临的问题分析，可以采用如下方法着手解决：第一，将文物保护工作与社区紧密相连，使重庆的社区视建筑遗产保护为保存其"空间感"的一个重要部分，由相关部门制定《地区遗产保护公众指导手册》向市民宣传，以解决大众认识不足等问题。第二，由政府部门增设关于建筑遗产保护的规则和条例，规定当地建筑工程师等专业团体承担保护建筑遗产的义务，授予高质量完成文物保护工作的团体很高的专业荣誉，使建筑遗产保护措施更科学合理，以提高文物保护资金利用率。

1.强化分级，有机再生保护

目前，虽然重庆使领馆建筑遗产的保护级别不同，但是它们的功能和历史价值是一样的。所以主要根据现状质量、环境位置、使用功能来分析，通过风貌维护、局部改善、部分修复和全面抢救等多样模式，更灵活且因地制宜地保护。其中，对需要全面抢修的建筑采取落架保护形式，积极复原。另外，在评估分类过程中要结合建筑和历史等多方面的专业知识，从而深度发掘建筑的内涵，使改造后的使领馆建筑遗产充满人文精神和生命气息。

以法国水师兵营（法国大使馆）为例，展示对重庆使领馆建筑遗产保护再利用的基础工作。法国水师兵营是 1902 年法国海军带领测量队建立的，主体建筑风格是典型的外廊样式，建筑形式为有内庭和回廊的院落围合式，主要由主楼、副楼、耳房及牌楼四部分构成。平面是三面围廊并有内庭，但是这栋欧式建筑主体的入口却是飞檐翘角的中式门楼，这种安排使建筑更加具有独特的时代气质。这种比较生硬的中西结合，是早期中西文化碰撞的历史产物，具有很高的历史和艺术价值。这栋建筑建造之初是作为法国海军的营房、物资储存库使用的，1940 年法国大使馆搬迁到这里。后来，这栋建筑成为重庆粮油机械厂和南岸区面粉厂的办公室和库房。2002 年，水师兵营的建筑局部出现垮塌，建筑表面破败不堪，不仅门窗损坏，还有杂物封堵了部分拱券，急需抢救修复。2002 年末，南岸区政府搬迁至重庆粮油机械厂。2003 年第二季度开始，南岸区政府与重庆一家私人企业共同合作，抢救修复了这栋损坏严重的法国水师兵营旧址，并开发再利用。一边作为重庆开埠历史陈列馆，另一边是商业使用的高级餐饮会所——香榭里 1902。后受周边开发建设的影响，副楼的一部分被建筑垃圾遮挡，墙体上也长满爬山虎，整体形象破败。2015 年，因建筑年久失修成为危房，进行闭馆修缮，后重新开放。

在研究了法国水师兵营旧址的历史背景、建筑格局与现存问题的基础上，对比历史资料，分析这栋现存的建筑遗产的加建、改建情况以及受损的部分。制定保护再利用计划：①全面修复老化的结构与破损的外观；②去除历史发展中不合理的更改与添加部分；③对内外部环境进行整治；④更新后采取更科学的再利用方式延续建筑的发展。相信通过这些措施可以更大程度地体现其历史、文化、艺术价值。

目前，重庆使领馆建筑遗产的使用方式大多不能体现其实际价值，文物式的保存方式也无法使近代建筑遗产适应当代社会发展的需求。因此，应当积极主动地将它们重生利用，实现城市的文脉延续和创新发展。在重庆使领馆建筑遗产保护中，对于一些已经破损严重的建筑遗产应尽量保存残缺建筑构件，对无法恢复的部分应做一些创意设计，通过现代技术与传统式房屋的结合展现新旧对比，且赋予其新鲜的社会功能。

2. 加强管理，注重可持续发展

重庆使领馆建筑遗产的保护利用与管理离不开政府、集体和公众等多方力量的相互配合。在建筑遗产的保护开发实践上，政府不仅要加强地方立法，根据重庆近代建筑遗产的具体情况制定针对性法规，还需要对重庆使领馆建筑遗产的各类资料进行详尽记载，同时发挥管理优势，加强对再利用后的使领馆建筑遗产的风貌维护工作。另外，在管理维护、资金筹措方面，民间保护组织也应承担起一部分工作。建筑遗产的保护和利用也离不开公众的参与和支持，二者具有互相依赖、协同发展的特性。

在保护和利用过程中，首先要用持续可发展的眼光来看待建筑遗产保护与城市建设的关系。另外，必须采取科学的保护方法、建立动态的保护机制、使用可逆型的保护手段。在对每栋建筑的再利用定位上，不仅要分析评价建筑的本体及蕴含价值，更要深入了解建筑遗产的产权、历史沿革、周边环境、公共设施等信息，以避免建筑遗产的不恰当利用，防止造成破坏性保护。持续管理经营使领馆建筑遗产，规模渐进式地改造，实现"有机更新"，才能流传后世，永续利用，并延续城市文脉，使城市可持续发展。

3. 发展街区，串联城市"文道"

部分现存使领馆建筑遗产所在街区处于衰败的境地，即使保护和利用，也无法成为亮点，难以增加市民和游客的关注度。重庆城市规划及现代化发展不均衡，而现存使领馆建筑遗产所在街区大多属于缺乏治理建设的老街区。这里落后的基础设施、公共环境等生活条件，无法满足居民的现代化生活需求，再加上缺乏治理，由此引发居民违规搭建等行为，不仅使片区的历史空间环境被破坏，甚至直接威胁建筑遗产的保护和延续，导致使领馆建筑遗产的破败和拆毁。

在保护规划中，对待使领馆建筑遗产周围的历史街区，将保持街区风貌的完整性和当地居民生活的延续性等作为指导，对该街区的其他建筑进行分级保护。按照文保性质把周围建筑分为文物建筑、历史建筑、现代建筑三种类型，根据其现存状态采用不同的方法进行治理，统一街区风貌。第一，协调新老建筑的体量、比例、空间关系，风格可统一可对比。在该街区形成一个统一和谐而又有层次的整体空间环境。第二，进行市政设施的建设，逐步改善基础设施、公共服务设施、环境景观及建筑单体内部的空间组织、设施等条件。并且在老街中添加新颖多样的功能，提升其关注度和经济发展潜力。第三，规划观光路线，重点打造街巷特色，转型为游客游览休闲的场所。这一系列措施的实施一定会激励居民主动挽救使领馆建筑遗产，而建筑遗产也给当地居民带来经济效益，这种利用建筑遗产价值发展街区的措施必将成为一种可推行的良性循环保护模式。

同时，可以将分散的建筑遗产串联起来，形成完整的城市文化线路的一部分。利用旅游的方式，不仅能带动街区的整体保护，还可以最大化地体现建筑遗产的价值；打造历史遗迹之间的交通路径，在保持连续路径的前提下，增加可识别特色与导向标志；在重要交通节点处设置城市文化线路地图牌提示游客周围建筑遗产位置，用特色铺地串联，在城市老旧居住社区主要入口处设置入口标示；合理组织沿线空间序列，塑造文化路线上的公共空间；线性交通上设置停留与服务设施，因地制宜设置观景平台，打造沿路景观带，使游客感受文化路线的亲切自然；在线性交通上植入历史文化元素，利用景观小品表现该地段的历史文化内涵；提取历史文化元素，并将其植入到绘画、雕塑、指示牌等载体上，在表达地域文化、强化历史文化空间真实性感受的同时，对交通路线进行点缀。

4. 文化观光，打造"历史片区"

20世纪末，历史性城市的振兴成为热点问题，对建筑遗产的保护也从文物保存层面发展到促进经济增长层面。物质环境治理改造具有暂时性，很难继续下去。必须从更长远的角度思考，实现经济层面的复苏，以利于未来的发展。重庆作为历史文化名城，近年来在对传统建筑群和历史片区的保护中也有许多成功案例。例如，渝中区滨江地带上的洪崖洞吊脚楼民俗区和展现移民历史的湖广会馆建筑群等历史风貌区，都是来渝旅游的必经之地。

在现存的使领馆建筑遗产中，有一半数量的建筑遗产处于渝中半岛。分布比较集中的是鹅岭片区，该片区国家级、市级文物保护单位遗址有苏军烈士墓、飞阁、辛亥革命烈士纪念碑、澳大利亚大使馆遗址、土耳其大使馆遗址、丹麦公使馆遗址等。此外，整个渝中半岛现存百余处建筑遗产，可以对这些建筑遗址进行整合，对使领馆建筑遗产所在片区的保护与发展协调规划，打造"历史片区"，如"渝中博物馆半岛"，以历史文化为依托实现"精致渝中"的发展计划。还有成片分布的使领馆建筑遗产，如南山风景区。当年为了躲避空袭很多建筑遗产建设在此，如南山文峰塔遗址、空军坟、于右任官邸等遗址，这些建筑遗产不仅外观较完好，且在分布上相对集中。南山植物园及周边不仅环境优美、自然景观丰富，而且常年都有大量游客，只要在其中增设一些旅游服务设施，就能通过营造历史氛围，突出文化观光的主题，形成"南山历史景区"。

　　重庆使领馆建筑遗产所在片区个性鲜明，对其整体形象塑造应保存片区肌理特征，延续空间界面整体关系，并完善该处不够理想的城市环境，联系周边打造片区文化品牌，带动区域的文明与美化。另外，可以挖掘这些历史中低等级路网，引导部分步行、自行车交通，形成微循环路网，既可以分散交通压力，也利于展现被隐藏的建筑遗产。

参考文献

[1] 陈霈，左秀明，姜芃．从修复到创作：建筑遗产活化利用及干预尺度探讨 [J]．华中建筑，2021，39（11）：22-25．

[2] 单霁翔．历史文化名城保护 [M]．天津：天津大学出版社，2015．

[3] 高正扬．建筑遗产保护中原真性原则概念辨析与实践 [D]．济南：山东建筑大学，2016．

[4] 李晶晶．中国乡土建筑遗产价值认识的发展与演变 [J]．自然与文化遗产研究，2022，7（2）：54-60．

[5] 李先达．京杭大运河京津冀段建筑遗产活化利用研究 [D]．天津：天津理工大学，2019．

[6] 李洋，杨大禹，余穆谛．基于生态文化资源理论的云南历史文化村镇保护与更新研究 [J]．昆明理工大学学报（社会科学版），2018，18（4）：92-101．

[7] 刘建阳，谭春华，费浩哲，等．不同而"和"：共生理论下历史文化街区保护与更新规划实践 [J]．中外建筑，2022（5）：42-50．

[8] 陆地．建筑遗产保护、修复与康复性再生导论 [M]．武汉：武汉大学出版社，2019．

[9] 毛海波．城市规划中的文化遗产及历史建筑保护研究 [J]．居舍，2022（5）：15-17．

[10] 秦红岭．基于城市设计的北京老城建筑遗产保护：一种整合性策略 [J]．中国名城，2018（10）：4-9．

[11] 秦红岭．论建筑文化遗产的价值要素 [J]．中国名城，2013（7）：18-22+26．

[12] 沈海牧．风景园林与城市性格的规律探寻 [J]．中国名城，2012（6）：32-39．

[13] 慎镛勋．中朝使行线路及沿线建筑城镇遗产的文化产业研究 [D]．哈尔滨：哈尔滨工业大学，2021．

[14] 施艳艳．基于功能更新的乡土建筑遗产多维保护与利用方式研究 [D]．南昌：南昌大学，2015．

[15] 孙冰，田波，李轩．城市更新中的历史建筑保护策略研究综述 [J]．建筑与文化，2021（11）：197-198．

[16] 孙俊桥，薛芃芃．重庆使领馆建筑遗产保护与再利用研究 [J]．城市发展研究，2016，23（2）：8-12．

[17] 唐正晨．传承视角下江南古镇保护更新实践的研究 [D]．长春：吉林建筑大学，2021．

[18] 田长丰．中国"山—水—城"地景模式建构溯源与表达机制探索 [D]．郑州：河南农业大学，2021．

[19] 王克祥. 历史纪念碑的叙事性设计研究：以南京渡江胜利纪念碑为例 [J]. 装饰，2020（2）：128–129.

[20] 王智慧. 共生理论视域下工业建筑遗产保护与利用策略研究 [D]. 重庆：重庆大学，2019.

[21] 吴浪，淳庆. 广度与深度：建筑遗产保护技术课程教学研究 [J]. 高等建筑教育，2021，30（5）：75–82.

[22] 徐进亮. 整体思维下建筑遗产利用研究 [M]. 南京：东南大学出版社，2020.

[23] 徐玲. 博物馆与近现代中国文物保护 [J]. 中国博物馆，2019（1）：57–61.

[24] 杨宏烈. 岭南骑楼建筑的文化复兴 [M]. 北京：中国建筑工业出版社，2010.

[25] 叶设玲，潘立勇. 非物质文化遗产传承与发展的形成、表达与转化：基于文化资本的视角 [J]. 晋阳学刊，2022（3）：109–114.

[26] 尹必可，吴永发，钱晶晶，等. 情感与遗产：遗产保护更新背景下建筑情感价值认知路径探析 [J]. 建筑与文化，2022（3）：182–183.

[27] 张国超，何春晖. 我国建筑遗产保护众筹研究 [J]. 文化软实力研究，2021，6（1）：76–85.

[28] 张恺莉，殷泽宇. 试论乡土建筑遗产的保护利用 [J]. 城市建设理论研究（电子版），2020（15）：106.

[29] 张世满，赵路路，张亦非. 文物保护单位价值评估标准体系研究 [M]. 太原：山西人民出版社，2017.